bup
BERLIN UNIVERSITY PRESS

Marcus Beiner

Humanities

Was Geisteswissenschaft macht.
Und was sie ausmacht

Berlin University Press

Marcus Beiner
Humanities
Was Geisteswissenschaft macht.
Und was sie ausmacht

Erste Auflage im Januar 2009

Ausstattung und Umschlag
Groothuis, Lohfert, Consorten | glcons.de
Satz und Herstellung
Dittebrandt DTP, Baden-Baden
Schrift
Borgis Joanna MT
Druck
DruckPartner Rübelmann GmbH, Hemsbach
ISBN 978-3-940432-55-1

I.

Die Geisteswissenschaften – und damit eine Vielzahl an reflektierenden, historischen, philologischen und kulturwissenschaftlichen Disziplinen – sind in der Defensive: Ihre Existenzberechtigung wird ihnen manchmal gänzlich abgesprochen, ihr Sinn in Frage gestellt, ihre Aufgabe für irrelevant erklärt und ihre Wissenschaftlichkeit in Zweifel gezogen. Das macht ihre Stellung in der Gesamtheit der Wissenschaften prekär. Weil geisteswissenschaftliche Arbeit einem zumeist nur implizit artikulierten Wissenschaftsverständnis, das sich in erster Linie an experimentellen Naturwissenschaften orientiert, nicht entspricht, werden sie im System der Wissenschaften tendenziell marginalisiert. Daß das Einheitskonzept Wissenschaft ganz unterschiedliche Zugänge zu verschiedenen Gegenstandsbereichen zuläßt, gerät dabei aus dem Blick.

Das hängt möglicherweise mit folgender Schwierigkeit zusammen: Je differenter das wird, was als Wissenschaft gilt, desto schwieriger wird es, Wissenschaft von Nicht-Wissenschaft zu trennen. Jedenfalls wird häufig zu Ungunsten der Geisteswissenschaften ein Wissenschaftsideal hoch gehalten wird, das sich scheinbar leicht von Nicht-Wissenschaft absetzen läßt. Und damit geraten faktisch eher die Geisteswissenschaften unter Rechtfertigungsdruck in bezug auf die eigene Wissenschaftlichkeit. Auch die Wissenschaftstheorie als Reflexionsform von Wissenschaft, die ihrerseits auf Bilder von Wissenschaft in den Vorstellungen praktizierender Wissenschaftler zurückwirkt, hat sich bei der Wahl ihrer Gegenstände und Beispiele in auffälliger Weise auf die Naturwissenschaften konzentriert. Die Gründe dafür sind vielfältig; sie reichen Jahrhunderte zurück und lassen sich aufschlußreich wissenschaftsgeschichtlich aufarbeiten. Um eine solche Aufarbeitung geht es hier nicht – wie sinn- und verdienstvoll sie aber wäre, das mögen die theoretisch gehaltenen Überlegungen noch erweisen.

Im Kontrast zu dieser Ausgangslage sind die folgenden Überlegungen von der Vermutung getragen, daß es um die Geisteswissenschaften in der Sache deutlich besser steht, als ihr öffentlicher Ruf es vermuten lässt. Diese Vermutung möchte ich im folgenden erhärten, und zwar in einer sehr grundlegenden Art und Weise: Ich möchte anhand von einigen zentralen Kategorien geisteswissenschaftliche Arbeit charakterisieren, ich möchte erklären, was Geisteswissenschaft ist bzw. was Geisteswissenschaften sind, und dabei insbesondere verdeutlichen, was an den Geisteswissenschaften Wissenschaft ist. Was dabei im wesentlichen geleistet werden soll, ist die Erläuterung von zentralen geisteswissenschaftlichen Kategorien. Worauf diese Erläuterung zielt, geht sogar noch darüber hinaus und betrifft die weiter gehende These, daß ein am geisteswissenschaftlichen Verständnis orientierter Wissenschaftsbegriff sich möglicherweise generell als geeigneter für die Beschreibung der Realität gegenwärtiger Forschung in den verschiedenen Wissenschaftsbereichen erweist als der noch dominierende und eher an klassischen Naturwissenschaften orientierte. Diese über den Gegenstandsbereich der folgenden Ausführungen hinaus gehende These wird allerdings nicht ausgearbeitet werden – sie stellt indes gewissermaßen eine besondere Pointe für den Fall dar, daß die Überlegungen für die Geisteswissenschaften so überzeugend sein sollten, daß eine Ausweitung ihres Geltungsbereichs in Frage kommt.

Zunächst gilt es nun, den Gegenstandsbereich der Überlegungen ein wenig genauer zu umreißen (1). Anschließend wird die gerade genannte These näher erörtert – insbesondere mit Blick auf Berührungspunkte der Grundbegrifflichkeiten, mit denen sich geistes- und naturwissenschaftliches Arbeiten in einem ersten Schritt unterscheiden läßt (2). Es folgen eine methodische Vorbemerkung (3) und ein vorläufiger begrifflicher Etikettierungsvorschlag in eigener Sache (4).

Die Geisteswissenschaften und ihre Nachbarn

(1) Es gibt verschiedene Möglichkeiten, die existierenden (und die sich formierenden) Wissenschaften einzuteilen. Dazu gehört zum einen die Unterscheidung von Formal- und Realwissenschaften, erstere, insbesondere die Logik und die Mathematik, definiert zugleich über ihren instrumentellen Charakter für die anderen Wissenschaften wie ihre Funktion als Träger von abstraktem Fundamentalwissen, letzte abgegrenzt voneinander über den je spezifi-

schen Gegenstandsbereich. Zur zweiten Gruppe in dieser Einteilung gehören jene Gruppen von Wissenschaften, die sich gemäß einer anderen Differenzierung über die beiden großen Gegenstandsbereiche Natur und Kultur unterscheiden. Da die Realwissenschaften im Sinne der ersten Unterscheidung die Formalwissenschaften sowohl in bezug auf die faktisch tätigen Wissenschaftler als auch auf die Zurechnung der Mehrzahl der relevanten Forschungsleistungen bei weitem übertreffen, werden die Formalwissenschaften üblicherweise in groben systematischen Einteilungen übergangen und in der Wissenschaftspraxis administrativ meist den Natur- oder Kulturwissenschaften zugerechnet.

Mit den – im einzelnen vielfach in Disziplinen und Subdisziplinen unterteilten – Gegenstandsbereichen Natur und Kultur wäre die Welt im Ganzen, also die Gesamtheit der dem Menschen zugänglichen materiellen und immateriellen Phänomene, Gegenstände, Prozesse, Verhaltensweisen und Wirkungszusammenhänge, vollständig erfaßt. Das zumindest ist die implizite Annahme dieser Einteilung, wenn zugleich die weitere, aber wohl unproblematische Annahme berechtigt ist, daß es, zumindest dem Anspruch nach, nichts auf der Welt gibt, was der Wissenschaft nicht im Prinzip zugänglich ist. Das ist ein sehr weit reichender Anspruch, der auch nicht durch den Umstand relativiert wird, daß es andere als wissenschaftliche Zugänge zur Wirklichkeit oder ihrer Teilbereiche gibt. Wissenschaft wird, zumindest was den Umfang ihres Gegenstandsbereichs betrifft, damit zu einem privilegierten Blick auf die Welt.

Was nun die beiden großen Gebiete von Natur und Kultur, von Vorgefundenem und Gemachtem, betrifft, so ist auch diese Einteilung weder eindeutig noch unumstritten. Das gilt besonders für den Teil der gesamten Wissenschaft, der nicht der Naturwissenschaft zuzurechnen ist. Bereits um 1900 setzt sich Heinrich Rickert für die gerade im letzten Jahrzehnt (wieder) populärer werdende Bezeichnung „Kulturwissenschaft" bzw. genauer „historische Kulturwissenschaft" ein, und zwar in Abgrenzung vom spezifisch deutschen Ausdruck „Geisteswissenschaft", bei dem der Bedeutungsgehalt von „Seele" eine zu große Rolle spiele. „Humanities" sind das Pendant in der heute weltweit dominierenden Wissenschaftssprache Englisch; es betont, daß es etwas spezifisch Menschliches ist, das den Hauptgegenstand dieser Wissenschaften ausmacht: nämlich die Hervorbringungen des menschlichen Geistes. Allein die entsprechenden Bedeutungsnuancen in den verschiedenen Sprachen sind lehrreich für Versuche, die Nicht-Naturwissenschaften in ihren relevanten Gemeinsamkeiten begrifflich zu erfassen.

Diese aufschlußreichen Schwierigkeiten will ich an dieser Stelle aus drei Gründen umgehen: Erstens spielt praktisch der Begriff „Geisteswissenschaften" trotz aller an ihm geübten Kritik immer noch eine große Rolle in der (zugegebenermaßen tendenziell konservativen Wissenschaftseinteilungs-) Praxis. Zweitens wird der Begriff „Kulturwissenschaften" teilweise für eine kleine Disziplinengruppe (Ethnologie, Archäologie, (Kultur-) Anthropologie) verwendet, die bei weitem nicht abdeckt, was jedenfalls auch unter „Geisteswissenschaften" erfaßt wird.

Und drittens scheinen mir die angekündigten Kategorien – wenn man denn davon ausgeht, daß die Nicht-Naturwissenschaften solche umfassen, die besser als Geistes-, und solche, die besser als Kulturwissenschaft zu bezeichnen sind – im Zweifel besser für die Geisteswissenschaften in einem engeren Sinn zu passen oder hier zumindest leichter anhand ihrer entwickelt werden zu können. Darüber hinaus hätte es mit Seitenblick auf die oben erwähnte weiter reichende These einen besonderen Charme, die Modernität und Zukunftsträchtigkeit eines Wissenschaftsverständnisses aufzuzeigen, das für eine Disziplinengruppe maßgeblich ist, die sich hinter einer ein wenig altbacken erscheinenden Begrifflichkeit verschanzt.

Weniger von Konkurrenz geprägt als das Verhältnis von Kultur- und Geisteswissenschaften ist das von Sozialwissenschaften (oder Gesellschaftswissenschaften) und Geisteswissenschaften. In groben Einteilungen immer noch als Teil der Geisteswissenschaften angesehen, haben sich die Sozialwissenschaften doch weitgehend als eigener Bereich im Reiche der Wissenschaften mit spezifischen Methoden und einem definierten Gegenstandsbereich etabliert. Möglicherweise befinden sich die Kulturwissenschaften in einem engeren Sinn gegenwärtig in einem Emanzipationsprozeß, der demjenigen der Sozialwissenschaften von den Geisteswissenschaften vergleichbar ist.

Dann blieben als Geisteswissenschaften Wissenschaften übrig, die sich mit immaterieller, sprachlich verfaßter, auf Verständnis und Orientierung zielender Auseinandersetzung mit der Welt, mit „Sinn-Produktion“ und nicht-materieller Lebensbewältigung befassen, etwa die historischen Wissenschaften, die Philologien als Sprach- und Literaturwissenschaften, große Teile der Philosophie (ohne die formale Logik) und die Theologie. Wie immer die weitere Entwicklung auch aussehen mag: Seit ihrer Entstehung oder genauer: ihrer universitären Institutionalisierung im 19. Jahrhundert haben die Geisteswissenschaften sowohl was die Etablierung im Wissenschaftssystem als auch was die Forschungsleistungen und -ergebnisse betrifft Enormes erreicht und geleistet. Zugleich hat sich der oft gescholtene, vorgeblich untaugliche, weil unpräzise Begriff „Geisteswissenschaft" als erstaunlich haltbar erwiesen. Vielleicht hat sich letztlich doch keine bessere Bezeichnung finden lassen – vielleicht ist begriffliche Präzision selbst schon ein Desiderat, das angesichts disparater und vor allem notorisch vager Untersuchungsgegenstände besser uneingelöst bleibt.

Trotzdem stellt sich natürlich die Aufgabe, wenigstens näherungsweise zu erklären, welche Art von Wissenschaften beziehungsweise welche Art, Wissenschaft zu betreiben, dazuzurechnen ist. Eine erste Orientierung über die Methode liefert die bereits von Wilhelm Windelband Ende des 19. Jahrhunderts eingeführte Unterscheidung von „nomothetisch" verfahrenden, auf Gesetzmäßigkeiten ausgerichteten (Natur-) Wissenschaften und „idiographisch" verfahrenden, auf Besonderheiten und Individuelles, Einmaliges ausgerichteten (Geistes-) Wissenschaften.

Damit sind Aspekte angesprochen, die noch aufgegriffen werden. Die Bezeichnung „Geisteswissenschaften" legt aber zunächst die Frage nach dem Gegenstandsbereich nahe, der mit dem Begriff „Geist" erfaßt werden soll. Die Antwort ist möglicherweise noch schwerer als die auf die Frage nach dem Begriff „Kultur". Obwohl die Begriffe ja gewissermaßen konkurrieren, hilft vielleicht eine Abgrenzung voneinander weiter: Kultur bezieht sich zum einen auf materielle Produkte der Lebensbewältigung in einem weiten Sinn und zum anderen auf interpretierende Sinnsysteme, die teilweise mit diesen in Verbindung stehen. Geist bezieht sich ausschließlich auf Immaterielles, auf tendenziell höherstufige Kulturleistungen im Sinne steigender Abstraktionsgrade und komplexerer Ausdrucksformen. Geisteswissenschaften sind mit „Geistigem" befaßt, wenngleich wiederum von hier aus auch dessen Materialisierungen in den Blick genommen werden. Sie liefern dabei in der Regel Darstellungen und leisten Deutungen, die einen Bezug zu Lebensvollzügen aufweisen und Anknüpfungspunkte an Alltagserfahrungen haben. Sie sind auf diese Weise einerseits rückgebunden an die „Lebenswelt"; andererseits haben geisteswissenschaftliche Arbeiten einen starken Bezug aufeinander, kommen kaum ohne Verweise, Zitate, Abgrenzungen von anderen geisteswissenschaftlichen Analysen aus und haben von daher teilweise die Tendenz, neue, stark selbstreferenzielle Sinnsysteme zu konstruieren, die den Bezug zu alltäglichen Lebensvollzügen verlieren.

Ein Faszinosum des Geistigen besteht möglicherweise in seiner schlechten Faßbarkeit; zugleich ist dies ein Grund für seine gute Formbarkeit in geisteswissenschaftlichen Aufarbeitungen, weil stets der analysierte Gegenstand mit der Analyse erst konstituiert wird. Geisteswissenschaftliche Arbeit ist weniger der Umgang mit etwas Gegebenem, Vorfindlichem als vielmehr begriffliche Differenzierung oder Komplexitätsreduktion – beide Richtungen sind gangbar –, die im Akt der Analyse den Gegenstand sozusagen „zurechthaut" oder ausbreitet. Ihre sprachliche Verfaßheit sichert einerseits den Bezug zur Lebenswelt, sorgt andererseits oft für Befremden, weil der konkrete Ausdruck mit der Sprache zwar in einem lebensweltlich fundiertem Medium stattfindet, aber in einem, das zugleich (manchmal befremdlich) starke Abstraktionen zuläßt.

Geisteswissenschaftliche Kategorien als Grundmuster für Wissenschaft?

(2) Diese erste Einordnung und Verhältnisbestimmung führt schon auf eine für das Verhältnis der Wissenschaften durchaus brisante Frage: Beschreibt ein an einem geisteswissenschaftlichen Verständnis gewonnener Wissenschaftsbegriff möglicherweise besser als (ein) andere(r) die Realität gegenwärtiger Forschung? Eine solche als These zugespitzte Überlegung soll ja hier nicht direkt begründet werden – dazu bedürfte es konkreter, historisch gesättigter und beispielreicher Analysen, die ich hier nicht leisten kann. Es würde aber schon einiges auch für das Verständnis geisteswissenschaftlicher Arbeit erreicht sein, wenn sich das Ausarbeiten solcher Analysen mit diesen Überlegungen als aussichtsreich oder wenigstens zwecks

Erkenntnisgewinn für erstrebenswert erwiese. Insofern sind die Ansprüche hier eher bescheiden: Es geht um begriffliche Vorarbeit, darum, einen Boden urbar zu machen, ohne dann auch nur zu säen, vom Ernten ganz zu schweigen.

Zunächst muß die Angemessenheit der für die Geisteswissenschaften behaupteten zentralen Kategorien für diese plausibilisiert und in der Folge in einzelnen Analysen erwiesen werden – dann erst kann die genannte These auf den weiteren Prüfstand kommen. Denn daß der Weg auch anders herum beschritten werden könnte, scheint mir wenig wahrscheinlich: dazu dürften die Pfade der traditionellen Wissenschaftstheorie die Schritte doch zu sehr in eine andere Richtung lenken. Ich will im folgenden kurz von der Adäquatheitsthese sprechen; Adäquatheit bezieht sich dabei auf die angemessene Beschreibung gegenwärtigen wissenschaftlichen Arbeitens in den verschiedenen Wissenschaftsbereichen anhand der für die Geisteswissenschaften entwickelten zentralen Kategorien.

Wenn ich dabei auf das wissenschaftliche Arbeiten abhebe, so ist damit bereits eine Differenzierung vorgenommen, die später noch aufgegriffen wird. Die für das Konzept von Wissenschaft insgesamt bedeutsamen Kategorien können nämlich in zwei Richtungen verwendet werden: Zum einen können sie sich auf das Verhältnis vom Gegenstand des wissenschaftlichen Arbeitens zur wissenschaftlichen Analyse beziehen und dabei vornehmlich den jeweiligen Gegenstand in den Blick nehmen, und zum anderen können sie sich auf die Art und Weise des wissenschaftlichen Arbeitens selbst, auf die Beziehung einzelner Arbeitsergebnisse aufeinander und wissenschaftliche Austauschprozesse (etwa mit Blick auf Hypothesen, Ergebnisse und das Agieren der Wissenschaftler) beziehen. Dieser letzte Aspekt wird mit der Adäquatheitsthese in Abgrenzung zur traditionellen Vorgehensweise in der Wissenschaftstheorie akzentuiert. Auf den Punkt gebracht impliziert die Adäquatheitsthese die Behauptung, daß die Praxis wissenschaftlichen Arbeitens in etablierten wissenschaftstheoretischen Ansätzen zugunsten einer idealisierenden Rekonstruktion vernachlässigt wird. Das gilt sicherlich für den von Thomas Kuhn in den sechziger Jahren des zwanzigsten Jahrhunderts initiierten Ansatz, der die Entstehung von wissenschaftlichen „Paradigmen" erklärt, weniger als für andere wissenschaftstheoretische Ansätze – aber auch hier erhält die Reflexion auf die tatsächliche wissenschaftliche Praxis in konkreten Situationen nicht den gebührenden Stellenwert. Wo dies, wie in verschiedenen wissenschaftssoziologischen Untersuchungen, geschieht, mangelt es dagegen eher am Vollzug der wissenschaftstheoretischen Konsequenzen der gemachten Beobachtungen.

Betont werden soll mit dem Akzent auf der Praxis wissenschaftlichen Arbeitens ein auch für das Verständnis der Adäquatheitsthese wichtiger Aspekt, der im Rahmen der Ausführungen zu den einzelnen Kategorien aufgegriffen werden wird. Für die Adäquatheitsthese ist er insofern von besonderem Belang, als deren Pointe in der Ausweitung der geisteswissenschaftlichen Kategorien auf andere Wissenschaften besteht und gerade die wissenschaftstheoretisch vernachlässigte Praxis wissenschaftlichen Arbeitens sich möglicherweise weniger stark nach Wissenschaftsbereichen unterscheidet als vielerorts angenommen.

Die Adäquatheitsthese muß aber gleich ein Stück weit relativiert werden, verstanden als Präzisierung und Erläuterung auf einem an dieser Stelle noch sehr abstrakten Niveau. Dazu ist es nötig, hier zunächst noch tentativ, zentrale Kategorien geisteswissenschaftlichen Arbeitens zu nennen. Mit Kategorien meine ich dabei Strukturen und Formen auf einem abstrakten Niveau, die in der einen oder anderen Weise für jede einzelne geisteswissenschaftliche Arbeit als – nicht immer ausdrücklich genanntes – Grundmuster eine Rolle spielen. Sie benennen Ausrichtungen und formieren die konkreten Analysen in einer eigentümlichen Weise: nämlich in erster Linie in einer Benennung von Formbarkeit und einer auf dieser Grundlage erfolgten Ausformung, deren Gestalt sich an einer klaren Gegenstandswiedergabe einerseits und einer theoretischen Adäquatheit andererseits orientiert. Gegenstandsbezug und Theoriebezug stehen dabei in einem Spannungsverhältnis, dessen Auslotung immer Teil geisteswissenschaftlicher Arbeit ist: Je näher am Gegenstand gearbeitet wird, desto schwieriger wird eine theoretische Einbettung; je besser eine theoretische Einbettung gelingt, desto gefährdeter ist die Angemessenheit dem Untersuchungsgegenstand gegenüber. Für die Qualität geisteswissenschaftlicher Arbeiten ist der Explikationsgrad der jeweiligen kategorialen Verfaßtheit ein wichtiges Kriterium. Die besondere Kunst – in der Gedankenarbeit ebenso wie in der Darstellung – besteht dabei darin, die damit verbundene ständig „mitlaufende“ Reflexion auf passende Weise in die Auseinandersetzung mit dem jeweiligen Gegenstand zu integrieren.

Zu den geisteswissenschaftlichen Kategorien zähle ich Historizität, Dialogizität/Intersubjektivität, Spezifizität, Perspektivität, Verbalität, Reflexivität und Universalität. Interessanterweise gibt es für die meisten der Kategorialbegriffe gebräuchliche und naheliegende Oppositionen, die möglicherweise für ein eher naturwissenschaftlich orientiertes Wissenschaftsverständnis in einem traditionellen Sinn eine ähnlich kategoriale Form haben wie die genannten für ein geisteswissenschaftlich orientiertes. Der Gegenbegriff zu Historizität ist Systematizität, der Gegenbegriff zu Perspektivität ist Objektivität, der zu Spezifizität ist Allgemeinheit bzw. Verallgemeinerbarkeit. Einer Universalität potentieller Gegenstände steht eine Beschränkung auf Gegenstände der Natur gegenüber, und einer sprachlichen Verfaßtheit läßt sich eine in (mathematischen) Modellen gegenüberstellen. Mögliche naturwissenschaftliche Kategorien werde ich nicht näher untersuchen. Sie haben hier einen doppelten Zweck: Sie dienen zum einen dazu, die Adäquatheitsthese sinnvoll abzuschwächen. Und, damit zusammenhängend, sie sorgen für eine vorsichtige Relativierung der geisteswissenschaftlichen Kategorien auch für ihren eigentlichen Gegenstand, die Geisteswissenschaften. Sie öffnen ein Feld, in dem sich Wissenschaft, sei es als Geistes-, sei es als Naturwissenschaft, bewegt.

Die jeweiligen Oppositionsbegriffe und Gegenüberstellungen sind so etwas wie Pole, Randmarkierungen in einem begrifflichen Kontinuum, die sich zwar sinnvoll zum Zweck der Veranschaulichung einander entgegensetzen lassen, aber von der Sache her durchaus in Beziehung stehen. Anhand von konkreten Beispielen wissenschaftlichen Arbeitens wird sich zeigen lassen, daß beide Pole Orientierungspunkte darstellen, auf die affirmativ oder in Absetzung voneinander Bezug genommen wird. Wenn die jeweiligen Oppositionen auf diese Weise in den konkreten wissenschaftlichen Arbeiten mit beiden Polen eine Rolle spielen und sich diese zudem auf einer imaginären Skala zwischen den Polen einordnen lassen, anstatt sozusagen eine Kategorie in Reinform zu verwirklichen, wird man vernünftigerweise von Übergängen und damit auch von einer kategorialen Komplexität der konkreten wissenschaftlichen Arbeit ausgehen müssen. Die historische Orientierung beispielsweise wird immer auch systematische Züge tragen, eine systematische Analyse nicht ganz ohne historische Züge auskommen.

Von daher muß die Adäquatheitsthese relativiert werden. Sie kann sich genau genommen überhaupt nur auf Kategorien beziehen, die sich in bestimmten Wissenschaftszweigen als dominant erweisen, dominant in dem Sinn, daß eine andere, sogar jeweils entgegengesetzte Kategorie eben auch eine Rolle spielt. Dieser Umstand ändert aber nichts am Kern der These. Es muß nur schon aus Gründen der Exaktheit dargelegt werden, daß auch die Kategorien in dem hier verwendeten Sinn (wissenschaftliche, begriffliche) Konstrukte sind, die die Praxis und Realität von Wissenschaft auf den Begriff bringen – ein Vorgang, der immer Abstraktionen verursacht, die nur um den Preis einer Vereinfachung von Realität möglich sind – so eine Position – oder die in ihrem Konstruktionscharakter überhaupt der einzige (wissenschaftliche) Zugang zur Realität ist – so eine andere Position. Diese Relativierung der Aussagen zum geistes- oder naturwissenschaftlichen Wissenschaftsverständnis betrifft nicht nur die Adäquatheitsthese, sondern angesichts des angekündigten Darlegungsziels zuvorderst die geisteswissenschaftlichen Kategorien, deren Erläuterung im Mittelpunkt der Überlegungen steht.

Insgesamt ergibt sich damit schon von den Zielen und Vorgehensweisen der Untersuchung her eine Komplexität, die punktuell paradox erscheinen mag, mir aber nicht zuletzt dem Gegenstand der Untersuchung geschuldet zu sein scheint: Ich möchte erstens und in der Hauptsache die Triftigkeit der von mir so eingeführten geisteswissenschaftlichen Kategorien für die Geisteswissenschaften zeigen. Ich möchte zweitens die Überlegung nahelegen, daß die – sinnvoll relativierten – geisteswissenschaftlichen Kategorien besser als die faktisch in der Wissenschaftstheorie verankerten, die sich an den (oder einer oder mehreren bestimmten) Naturwissenschaften orientieren, für ein allgemeines Wissenschaftsverständnis taugen (Adäquatheitsthese). Und drittens muß ich, um diese Ziele zu erreichen, immer wieder, und sei es zur Abgrenzung oder zur relativierenden Bezugnahme, mit jenen mehr oder minder eingeführten Kategorien arbeiten, deren Ablösung im „allgemeinen" Wissenschaftsverständnis ich erreichen möchte. Wie dem dann auch sei, auch die Oppositionen, mit denen ich arbeiten werde, haben letztlich nur heuristischen Charakter und werden instrumentalisiert für die Kernaufgabe der Untersuchung, die Plausibilisierung der geisteswissenschaftlichen Kategorien. Alles in allem geht es also (nur) um eine Akzentverschiebung – allerdings um eine, die von der Positionierung her am Fundament der Wissenschaften – ihrem Selbstverständnis – ansetzt und daher weitreichende Konsequenzen haben kann.

Der heuristische Zirkel

(3) In methodischer Hinsicht ergibt sich eine besondere Schwierigkeit für die Untersuchung: Bei der Ausleuchtung der für die geisteswissenschaftliche Arbeit als zentral unterstellten Kategorien muß ich sie teilweise schon in Anspruch nehmen. Das liegt weniger am Selbstverständnis dieser Untersuchung, die einerseits natürlich als „geisteswissenschaftlich" kategorisiert werden kann, andererseits aber wegen ihres fast durchgängigen Verbleibens im Bereich der Begriffsanalyse in bezug auf manche der Kategorien eher als schlechtes Beispiel einer Selbstanwendung taugt. Das liegt vielmehr vor allem am Bemühen, dem Anspruch gerecht zu werden, das faktisch, aktuell stattfindende geisteswissenschaftliche Arbeiten in seinen zentralen Punkten zu charakterisieren. Erst das Gelingen des Versuchs, hier Plausibilität zu erreichen – Plausibilität vor allem in den Augen von Geisteswissenschaftlern aus ganz unterschiedlichen Disziplinen – wird für die als zentral unterstellten Kategorien, wahrscheinlich in unter-

schiedlichem Maße, für Akzeptanz sorgen. Diese Akzeptanz kann nur wachsen in dem Maße, wie es in immer neuen Anläufen gelingt, die geisteswissenschaftliche Kategorien in ihren verschiedenen Facetten zu beschreiben.

Dabei ist diese Beschreibung hier zunächst immer Arbeit am Begriff. Es wird sich um wechselnde, sich ergänzende Zugänge handeln, die in ihrer Gesamtheit ein Verständnis der jeweiligen Kategorie ermöglichen mögen. Je näher die Begriffsarbeit dabei der faktischen Wissenschaft, also Beispielen geisteswissenschaftlichen Arbeitens, rückt, desto stärker wird ein methodisches Moment zum Tragen kommen, das in Anlehnung an den hermeneutischen Zirkel als „heuristischer Zirkel" bezeichnet werden kann. Wenn ich beispielsweise die Kategorie Historizität erläutern möchte, so geschieht dies auf anschauliche Weise am besten anhand eines Beispiels geisteswissenschaftlicher Arbeit, dessen geschichtliche Gewordenheit thematisiert wird. Das heißt aber nichts anderes, als die Arbeit in der Kategorie Historizität zu verankern. Nun ist schon am Begriff „Historizität" das Auffälligste seine Künstlichkeit. Er ist zunächst abstrakt, blutleer und bedarf der Konkretisierung, um sich auch als Begriff als sinnvoll zu erweisen; und als Begriff ist er sinnvoll immer dann, wenn er verschiedene, aber in gewissen Hinsichten doch gleiche Einzelfälle in ihren gemeinsamen Momenten erfasst.

Beispiel und Begriff bedürfen zu Zwecken der Erkenntnis einander: Der Begriff konstituiert sich aus der Fülle der Beispiele, und zugleich sind die Beispiele Beispiele nur als Beispiele für etwas – was der Begriff erfaßt.

Grundlegende Begriffe, Begriffe, die viele Einzelfälle in diesem Sinn erfassen und die auch ermöglichen, Begriffe ihrerseits in ihren wesentlichen Elementen zu erfassen, sind Kategorien. Der „heuristische Zirkel“ dieser Analysen besteht nun darin, daß ich darauf ziele, geisteswissenschaftliche Kategorien zu plausibilisieren, aber ohne die Inanspruchnahme dieser Kategorien – wenn die Kategorien wirklich den unterstellten fundamentalen Charakter haben – mich geisteswissenschaftlichem Arbeiten gar nicht nähern kann. Könnte ich es, so wäre das ein Indiz dafür, daß die als fundamental unterstellten Kategorien so fundamental gar nicht sind, also als Kategorien eben gerade nicht in Frage kommen – so paradox ist die Lage.

Die Paradoxie ist aber kein logischer Fehler, sondern unvermeidlich, wenn es um fundamentale Begrifflichkeiten geht. Ohne Kategorien kein Verständnis der Geisteswissenschaften und ohne konkrete Geisteswissenschaft keine Existenzberechtigung von geisteswissenschaftlichen Kategorien – auf diese Formel lassen sich die wechselseitigen Abhängigkeiten bringen. Und, in weiterer Annäherung an den hermeneutischen Zirkel: Erst die ganze Fülle der einzelnen Teile der Gesamtheit der geisteswissenschaftlichen Forschung könnte die Tragfähigkeit der Kategorien erweisen, und erst der einordnende Blick aus kategorialer Perspektive verleiht der Einzelforschung Sinn und Zusammenhang. Das Ganze einer Kategorie wird verständlich durch die Teile der Einzelforschungen, und diese werden verständlich als Exempel einer Kategorie.

In diese wechselseitigen Bedingungsverhältnisse kann man nur „eintauchen“. Hier folgt nicht das eine aus dem anderen, hier erschließen sich im Laufe von Lektüren Zusammenhänge. In diesem Sinn erhoffe ich eine Wirkung der vorgestellten Überlegungen: Überzeugt haben sie erst, wenn sie geholfen haben, geisteswissenschaftliche Lektüren zu erleichtern, und zwar durch das Bereitstellen einer tragfähigen, eben fundamentalen Begrifflichkeit: durch Kategorien.

In welchem Verhältnis zueinander stehen nun aber die unterschiedlichen Kategorien? Wenn Kategorien so etwas wie Begriffsfelder sind, durch die grundsätzlich unterschiedliche Wege möglich sind und die vor allem in ihren Rändern nicht klar definiert sind, und wenn zugleich alle anzuführenden Kategorien sich auf den gleichen, zwar weiten, aber doch abgrenzbaren Gegenstand Geisteswissenschaften beziehen, so ist es unvermeidlich, daß sich die Begriffsfelder, die Kategorien überschneiden. Die einzelnen Kategorien akzentuieren bestimmte Momente und lassen sich darüber von den anderen abgrenzen. Zugleich wird in den Erläuterungen immer wieder, wohl eher implizit als in ausdrücklicher Erwähnung, auf andere Kategorien und Stränge aus deren Erläuterung zurückgegriffen werden. Das ist in erster Linie dem Umstand geschuldet, daß es sich um eine fundamentale, ausdrücklich um eine adäquate Begrifflichkeit ringende Untersuchung handelt, und darüber hinaus deren Gegenstand, den in mancherlei Hinsicht notorisch vagen Geisteswissenschaften.

Wenn man sich das eigentliche Ziel der Ausführungen vor Augen führt, sind diese begrifflichen Schwierigkeiten allerdings nicht so gravierend, wie es angesichts eines im Prinzip zu Recht vertretenen Klarheitsideals erscheinen könnte. Denn es geht ja immer darum zu verstehen und verständlich zu machen, was Geisteswissenschaften sind und was sie leisten. Die „Sortierung“ der Grundbegriffe, die Beziehung der geisteswissenschaftlichen Kategorien zueinander, ist zumindest solange eine nachrangige Frage, wie alle differenzierenden Erläuterungsversuche dieses Ziel nicht aus den Augen verlieren. Trotzdem wird auch an dieser Stelle Erkenntnis wesentlich Analyse, also Zergliederung, Differenzierung und Unterscheidung, und Synthese, also Zusammenführung, Vereinheitlichung und Verallgemeinerung, sein. Geisteswissenschaften sollen einerseits erläutert werden über die trotz einzelner Überschneidungen im wesentlichen unterscheidende Funktion der Kategorien einerseits und über ihre vereinheitlichende und zusammenfassende Funktion hinsichtlich der geisteswissenschaftlichen Einzelforschung andererseits. Dem Charakter einer Begriffsanalyse entsprechend wird im folgenden die erste Funktion dominieren; aber die Bewährungsprobe der Begriffsarbeit sind immer die konkreten Forschungen, ist, kurz gesagt, ihre einschlägige Kategorisierbarkeit.

Perspektivismus – Blickwinkel der Erkenntnis

(4) Im Laufe der Untersuchung wird sich möglicherweise zeigen, daß das begriffliche Feld der einen oder anderen Kategorie immer wieder und stärker als andere zu Zwecken der Erläuterung heranzuziehen ist. Von daher

kann es sich ergeben, den hier im Ganzen vertretenen Ansatz zusammenfassend unter einem Begriff zu benennen. Letztlich ist diese Art der Benennung für die Sache nicht ausschlaggebend, aber ein treffender Begriff erleichtert die Auseinandersetzung. Soweit das jetzt schon absehbar ist – und insofern hier noch vorläufig – könnte der Begriff des Perspektivismus geeignet sein, eine passende schlagwortartige Zusammenschau zu bieten. Bestimmte Perspektiven einerseits und die Notwendigkeit andererseits, diese Perspektiven in ihrer konkreten Bestimmung zu benennen und auszuweisen, ja in gewisser Weise auch zu begründen und zu rechtfertigen – diese beiden Elemente werden in allen geisteswissenschaftlichen Kategorien eine prominente Rolle spielen.

Perspektivismus in diesem Sinne ist von einer pejorativen Verwendung des Begriffs Relativismus strikt zu trennen. Eine Relativierung wird oft als Abschwächung von etwas Gesetztem, als gegeben Betrachtetem angesehen; eine Aussage, eine Haltung, ein Motiv oder eine Erkenntnis wird in ihrem Geltungsbereich eingeschränkt im Sinne von beschränkt im Vergleich zu einem umfassenderen Anspruch. Diese Konnotation soll mit dem Begriff Perspektivismus vermieden werden. Er pointiert die These, daß entsprechende „Einschränkungen" als solche schon nicht sachangemessen sind, weil sie sozusagen eine falsche Normalität unterstellen. „Perspektivische" geisteswissenschaftliche Erkenntnis ist mit einem Geltungsindex gekennzeichnet, indem die jeweils einschlägige Blickrichtung, aus der heraus etwas gesagt wird, ausdrücklich mit angegeben wird. Hier wird kein Anspruch auf Objektivität zurückgenommen, weil auch keiner aufgestellt wird. Erkenntnis wird immer auf einen spezifischen Hintergrund bezogen, und dieser Bezug wird als notwendig und unvermeidlich genauso unterstellt, wie er stets expliziert werden muß.

Diese Explikation ist dabei für geisteswissenschaftliche Erkenntnis so wichtig, daß ihre graduelle Ausprägung, der Explikationsgrad, in vielen Fällen ein wichtiges Qualitätsmerkmal für geisteswissenschaftliche Forschung ist. Wegen der starken Verwobenheit geisteswissenschaftlicher Erkenntnisgegenstände mit spezifischen Hintergründen und der ergänzenden Reflexion auf die Position und Perspektive des Forschenden ergibt sich eine Multiperspektivität und Komplexität, die eine sachliche Scheidung der verschiedenen Perspektiven, ihre analytische Trennung, erfordert. Dabei ergeben sich für die Art und Weise, wie dies geschieht, verschiedene Wege, die sich aus dem Untersuchungsgegenstand ebenso und mit gleichem Recht ergeben können wie aus methodischen oder schlicht darstellungstechnischen Vorentscheidungen und Präferenzen des jeweiligen Forschers. Erläuterungen zum Erkenntnisinteresse oder zur speziellen Frageperspektive können beispielsweise prinzipiell ebenso vor der eigentlichen Analyse gegeben werden, wie sie in diese immer wieder eingearbeitet werden können. Entscheidend und kennzeichnend für geisteswissenschaftliche Forschung ist, daß diese Explikation der beteiligten unterschiedlichen Perspektiven stattfindet.

Geisteswissenschaftliche Forschung bewegt sich zumeist in einem sehr offenen Feld, das gleichsam im

Vollzug abgesteckt wird. Sie ist nicht per se voraussetzungsärmer oder voraussetzungsreicher als naturwissenschaftliche Forschung, aber sie ist in bezug auf ihre Voraussetzungen und Zugänge explikationsbedürftiger. Ihre Fragen und Aufgaben ergeben sich weniger aus einem geteilten Wissensstand, liegen weniger auf der Hand, sondern bedürfen der Motivation, der Erläuterung von Zugängen. Sie erfordern die Explikation der einschlägigen Perspektiven.

II.

Wie sehen die Zugänge nun konkret aus, die von den Kategorien zu den Gegenständen der Geisteswissenschaften führen? Und was leistet eine Reflexion auf die Praxis geisteswissenschaftlicher Forschung? Diese Fragen leiten den folgenden Gang durch die genannten sieben geisteswissenschaftlichen Kategorien, die Grundmuster geisteswissenschaftlicher Forschung. Er beschreibt die spezifischen Blickwinkel der Erkenntnis der Geisteswissenschaften.

1. Historizität

Die Einführung der geisteswissenschaftlichen Kategorie der Historizität soll dem Umstand Rechnung tragen, daß die Gegenstände geisteswissenschaftlicher Forschung wesentlich gewordene sind. Was Geisteswissenschaften untersuchen, entzieht sich in der Regel einer einfachen Zuschreibung zu einem Akteur, einem Handelnden, der etwas macht. Zumindest wird selten eine solche Zuschreibung dem Gegenstand gerecht. Eine sprachliche Äußerung etwa, die auf den ersten Blick klar einem Sprecher zugerechnet werden kann, ist mit einer solchen Zurechnung kaum erfaßt. Was jemand sagt, hat schon durch den Gebrauch der Sprache eine Reihe von Referenzen, die sozusagen mitartikuliert werden, die in der einen oder anderen Weise auch das mitbestimmen, was vermeintlich einem Sprecher zugerechnet werden kann. Die Sprache des Sprechers liegt vor und wird im Gebrauch moderat modifiziert. Sie ist geworden und gewachsen, weniger gemacht. Geisteswissenschaften beschäftigen sich mit Gewordenem im Sinn von Gegenständen, die vorfindbar sind, die identifiziert werden und sich in ihren Umrissen erst finden lassen müssen, die aber mehr aufgesucht als erfunden werden, die schon immer da, wenn auch noch nicht erkannt sind. Die Gegenstände geisteswissenschaftlicher Forschung können gar nicht anders als historisch wahrgenommen werden – wenngleich die entsprechenden Wahrnehmungshorizonte sich von wenigen Monaten bis zu Jahrhunderten und Jahrtausenden erstrecken können. Aber geisteswissenschaftliche Forschung, die nicht reflektiert, wie etwas, das untersucht wird, entstanden ist – das ist kaum denkbar.

Und über die Geschichtlichkeit der Gegenstände wird zugleich die geisteswissenschaftliche Forschung selbst historisiert. Auch die Forschung ist geworden – aus der älteren Forschung. Das impliziert noch nicht den Gedanken von Fortschritt, immer besserer, präzisierter Erkenntnis. Dieser Gedanke ist dem Perspektivismus eher fremd. Die damit verbundene Wertung läßt sich kaum aus der Sache begründen. Ob wir Heutigen etwa eine geschichtliche Epoche besser verstehen als Generationen vor uns – das ist aus der hier vertretenen Sicht nachrangig. Wir verstehen sie vermutlich anders, verschiedene Interpreten verstehen sie auch heute unterschiedlich. Das Verständnis hängt in beiden Fällen von der eingenommenen Perspektive ab, von der Frage, die die Forschung leitet.

Die Geschichtlichkeit ist also sowohl den Gegenständen der Geisteswissenschaften (a) als auch der Forschungspraxis der Geisteswissenschaften (b) eigen; trotzdem ist es, im Sinne der oben angesprochenen Differenzierung, wichtig, beide Momente zu trennen, um der Kategorie der Historizität auf die Spur zu kommen.

Die Gewordenheit der Gegenstände

a) Zunächst geht es noch einmal um die Historizität der Gegenstände geisteswissenschaftlicher Forschung. Sie wird begrifflich deutlicher, wenn noch einmal daran erinnert wird, daß der Begriff der Kultur als so tragend angesehen wird, daß die Geisteswissenschaften vielfach auch als Kulturwissenschaften firmieren. Was als Kultur gilt, kann auch Gegenstand geisteswissenschaftlicher Forschung sein. Dabei gibt es interessante Eigentümlichkeiten gerade dann, wenn wir Geschichtlichkeit wie gerade geschehen stark machen. Kultur hatten wir oben von Natur grob gesagt als Gemachtes vom Vorfindlichen abgesetzt. Jetzt „naturalisieren" wir die Gegenstände geisteswissenschaftlicher Forschung insofern, als wir auch für die Kategorie der Historizität auf die Nicht-Machbarkeit, auf das Vorfinden und Entdecken abstellen und nicht auf menschliches Erschaffen und Konstruieren. Wie paßt das zusammen?

Auch hier hilft die Frage nach der Perspektive (und kann sich der vertretene Ansatz einmal praktisch bewähren): Was aus dem Blickwinkel des einzelnen vorgefunden wird, im Beispiel oben Sprache, ist aus der Perspektive der Menschheit gemacht. Die „Perspektive der Menschheit" klingt vielleicht nach falscher Emphase – zur Frage nach der Selbstbestimmung des Menschen in den verschiedenen Zeiten ist sie aber durchaus angemessen. Was es beispielsweise heißt, ein Mensch zu sein, diese Frage interessiert uns *als* Menschen. Das scheint uns eine Frage zu sein, die sich Menschen gestern gestellt haben und heute stellen, und es scheint uns eine Frage zu sein, die sich nicht Gott und nicht Tiere stellen, sondern nur Menschen. Die menschliche oder humane Perspektive ist für die geisteswissenschaftliche Forschung von essentieller Bedeutung. Dem widerspricht nicht der Umstand, daß sich in diesem Sinne humane Fragen auch und mit gleichem Recht auch als existentielle Fragen stellen lassen. Dann wird aus der Frage nach der Selbstbestimmung des Menschen die Frage nach meiner Selbstbestimmung. Auch diese Frage hat ihr Recht, und beide Fragen hängen ja auch erkennbar zusammen, wenngleich Forschungsfragen (als Fragen von vielen an Erkenntnis Interessierten) von mehr als individuellem Interesse sind.

Historizität ist vor diesem Hintergrund als geisteswissenschaftliche Kategorie zu sehen, die an die Gewordenheit des Gemachten erinnert. Kulturelle Phänomene lassen sich zu großen Teilen menschlichen Leistungen zuschreiben und werden auch so wahrgenommen, und sie treten uns zugleich wie ein Stück Natur in dem Sinne gegenüber, daß wir mit ihnen einen Umgang finden müssen, sie aber nicht umgehen können. Wir nehmen kulturelle Leistungen vergangener Generationen in Anspruch und arbeiten damit weiter, entwickeln sie auch weiter. Insofern profitieren wir von dem, was, aus unserer individuellen Sicht, schlicht entstanden ist, und formen es weiter, machen es zu unseren Zwecken zuhanden. Historizität geisteswissenschaftlicher Forschung heißt, daß die Perspektive des Individuellen, Heutigen, der Zeit Entrückten ergänzt wird durch den Blick auf Kontexte sozialer Art, Entstehungszusammenhänge und Abhängigkeiten von Vorigem. „Historisch" in einem solchen Sinn sind die Gegenstände geisteswissenschaftlicher Forschung. Sie können von uns nur verstanden werden, wenn wir wissen, wie sie entstanden sind. In der Kategorie der Historizität wird die Bedeutung der Genese beispielsweise von Werken der Kunst, Musik und Literatur betont. Man könnte so weit gehen zu behaupten, daß es ein geisteswissenschaftliches Verständnis ohne die Berücksichtigung der Historizität der Forschungsgegenstände nicht gibt. Auch (werk-)immanente Interpretationen sind eher als Reaktion auf eine reduktionistische Historisierung, Kontextualisierung oder Psychologisierung zu verstehen denn als Versuche einer zeitlosen und zeitentrückten Auslegung.

Zumindest – und das rechtfertigt die Einführung von Historizität als geisteswissenschaftliche Kategorie – ist über die Geschichtlichkeit der Forschungsgegenstände der Geisteswissenschaften (so gut wie) immer ein sinnvoller Zugang zu diesen Gegenständen möglich. Wer die

Entstehung von etwas verfolgt und damit immer schon rubriziert, in Kontexten sieht, von anderem absetzt, der beginnt, etwas davon zu verstehen. Was etwas gewesen ist, bestimmt wesentlich mit, was es ist – sei es eine Nation oder ein antiker Tonkrug, sei es eine philosophische Schule oder ein bürgerliches Trauerspiel. Die Kategorie der Historizität erlaubt auch da einen Zugang, wo andere Zugänge verschlossen bleiben. Wer im Sinne eines modernen Anspruchs an die Geisteswissenschaften von diesen Orientierung erwartet, kann *eine*, und manchmal auch die wesentliche, Orientierung über die Geschichte des jeweiligen Fragegegenstandes erhalten, und sei es über die Geschichte, die von dessen Konstituierung als Fragegegenstand erzählt. Mit der Historizität gehen die Geisteswissenschaften sozusagen auf Nummer sicher: Für jedes Heute gibt es ein irgendwie relevantes Gestern, und von gestern aus betrachtet fällt der wertende oder fragende Blick aufs Heute nicht so schwer.

Verbunden ist damit auf der anderen Seite eine Schwäche: Weil es auch immer ein Morgen gibt, können wir die Gestrigkeit des Heute schon erahnen. Die Gegenstände geisteswissenschaftlicher Forschung haben die forschungspragmatisch unglückliche Eigenheit, sozusagen in der Zeit zu schwimmen. Je größer ein Betrachtungszeitraum in historischer Perspektive gewählt wird, desto größer ist zudem seine innere Dynamik, desto mehr ändern sich schon während des Betrachtungszeitraums wesentliche Elemente des Gegenstandes oder ihre Bewertung, sei es, daß es sich um einen immateriellen, sei es, daß es sich um einen materiellen Gegenstand handelt. Die Historizität der geisteswissenschaftlichen Forschung geht also mit einer latenten Unbestimmtheit bezüglich ihrer Gegenstände einher.

Diese Unbestimmtheit muß im Rahmen und als Aufgabe der Forschung angegangen werden, wenngleich das eine Sisyphos-Arbeit bedeutet: Immer wieder, und das heißt: von immer wechselnden Standpunkten, die sich schlicht aus dem linearen Fortschreiten der Zeit ergeben, immer wieder ist die Arbeit der Aneignung neu zu leisten. Dabei – das gilt es gleich noch eigens aufzugreifen – kann immer auch auf in diesem Sinne Vor-Arbeiten anderer Forscher zurückgegriffen werden, und insofern ergibt sich auch eine Historisierung des Forschens selbst.

Aber schon der Zugang über die Gewordenheit eines Forschungsgegenstandes, seine Entstehungsbedingungen, seine Geschichte, liefert nicht nur einen Zugang, sondern macht den Gegenstand unabhängig davon schwer faßbar, liefert ihn auch diesem Zugang aus und verstellt möglicherweise Eigenheiten oder Wesensmerkmale, die aus einer historischen Perspektive in ihrer überhistorischen Bedeutung unterschätzt werden. Der Zugang über die Gewordenheit von Forschungsgegenständen ist ein Weg, der beschritten wird, um dem Gegenstand der geisteswissenschaftlichen Untersuchung näher zu kommen. Und ohne einen Weg gibt es keinen Zugang zum Gegenstand. Aber jeder Weg, der beschritten wird, legt fest, impliziert unzählige andere Wege, die nicht oder nicht jetzt beschritten werden. Derart sind die Beschränkungen, die jede Kategorie, einzeln betrachtet, mit sich bringt. Die geisteswissenschaftliche Kategorie der Historizität steht in dieser

Ambivalenz: Sie erlaubt einen bedeutenden Zugang zu ihrem Gegenstand, indem sie ihn als gewordenen wahrnimmt und beispielsweise nach Entstehungsbedingungen, geschichtlichen Situationen und aus der Jetztzeit heraus nach Bezugnahmen auf Vergangenes fragt, und sie bleibt diesem Zugang immer auch ein Stück weit verhaftet.

Als gute geisteswissenschaftliche Forschung wird letzteres aber sozusagen reflexiv aufgefangen: Der historische Zugang wird als solcher charakterisiert und auch in seinen Beschränkungen deutlich gemacht. Historizität als Kategorie geisteswissenschaftlicher Forschung hat nicht nur den historisch gewordenen Gegenstand im Blick, sondern immer zugleich auch sich selbst als Blick und Zugang auf diesen. Da der Untersuchungsgegenstand selbst entstanden und geworden ist und sich in der Zeit wandelt, ja es die genuine Aufgabe geisteswissenschaftlicher Forschung sein kann, diesen Wandel aufzuarbeiten und verstehbar zu machen, ist die Reflexion auf die Konsequenz solcher Arbeit noch ein eigenständiger Teil der Aufgabe. Folgt beispielsweise die Darstellung einer Chronologie von Ereignissen, über die berichtet wird? Oder werden Geschehnisse als Vorgeschichte zu einem zentralen Geschehen verstanden, das im Mittelpunkt steht? Spiegelt sich eine bestimmte Ausprägung der Historizität eines Forschungsgegenstandes in der Art, wie er aufgearbeitet und präsentiert wird? Oder wird methodisch ein bewußter Kontrapunkt gesucht, eine Geschichte ganz anders und unter systematischen Fragestellungen erzählt? Wie auch immer dies in der konkreten geisteswissenschaftlichen Forschung aussehen mag, die Reflexion auf die Leistungen und gerade auch auf die Beschränkungen von Zugängen wie dem historischen sind immer Bestandteil der Forschungsarbeit.

Forschung als historisches Phänomen

b) In der Praxis geisteswissenschaftlicher Forschung spielt die Historizität auf eine eigene Art eine Rolle, die wenig überrascht, aber systematisch kaum beachtet wird: Gleich den Gegenständen geisteswissenschaftlicher Forschung geschieht ein wesentlicher Teil der Forschung selbst in der Arena der Geschichte, der Forschungsgeschichte nämlich. Forschung hat stets den Anspruch, Neues zu zeigen oder aufzuzeigen und steht von daher immer in einer entsprechenden Nachweispflicht. Wie kann diese eingelöst werden? Indem man zeigt, wie man sich vom bisher einschlägig Erforschten absetzt – indem man das eigene Forschen in eine Forschungsgeschichte einbettet. Fragen nach dem Forschungsstand gehen der einzelnen geisteswissenschaftlichen Forschungsarbeit voraus; sie sind in gewisser Weise sogar ihr genuiner Bestandteil, weil sie ein Feld abstecken, auf das Bezug genommen werden muß, um die eigene Frage zu konturieren. Über Referenzen wie Zitate, Fußnoten, dem Referieren von Gegenthesen wird ständig auf bereits geleistete Forschung Bezug genommen. Die Historizität der geisteswissenschaftlichen Forschungspraxis spielt in jedes Werk über Bezugnahmen auf ältere Forschung hinein. Zugleich entspringt mit jedem neuen Werk der Anspruch, Relevantes für das jeweilige Forschungsgebiet geleistet zu haben – und also selbst einen Referenzpunkt für die künftige einschlägige Forschung abzugeben. Der Austausch von Argumenten, das Abwägen von Theorien, das Bewerten von Fakten und Bewertungen anderer, die Korrektur von Irrtümern und Fehlmeinungen – all das sind zentrale Aufgaben geisteswissenschaftlicher Forschung, die ohne historische Bezugnahmen nicht auskommen.

Dabei ist es für die grundsätzlichen Überlegungen an dieser Stelle ohne Belang, wie groß der Zeitrahmen ist, auf den sich Forscher in der eigenen Arbeit beziehen. Faktisch reicht er in einigen Disziplinen, je nach Untersuchungsgegenstand, Jahre, in anderen Jahrzehnte, in wieder anderen Jahrhunderte zurück. Geisteswissenschaften konstruieren Gesprächslinien in der Geschichte, die, je nach Relevanz und jeweils aktueller Einschätzung, auch Generationen überdauern können. Die Anknüpfung an einen Forschungsstand ist dabei nichts Akzidentielles, sondern macht die jeweils konkrete Forschungsarbeit in gewisser Hinsicht aus – gerade auch dann, wenn die eigene Arbeit im Kontrast von diesem als um so singulärer erscheinen kann. Daß der Weg zum maßgeblichen Forschungsstand nicht immer ausdrücklich beschritten wird, ändert daran nichts: Diskussionslinien in der geisteswissenschaftlichen Forschung sind nicht selten so ausdifferenziert, daß schon ein breiter Kenntnisstand vorausgesetzt wird. Nicht immer gereicht das der Arbeit unter Qualitätsgesichtspunkten zur Ehre, aber auch in dieser Hinsicht nachlässige Arbeiten gewinnen ihre Qualität nur über den Bezug auf das in der Forschung bereits Geleistete, sei es ausdrücklich gemacht oder stillschweigend vorausgesetzt.

Man wird der geisteswissenschaftlichen Forschungsarbeit für einzelne Themenfelder durchaus gerecht, wenn man sie im Sinne der Kategorie Historizität als Gespräch mit der Vergangenheit der einschlägigen Forschung sieht: nämlich der im Doppelsinn „vergangenen“ Forschung. Gemeint sind zum einen die alte Forschung, der Forschungs- und Kenntnisstand, die maßgeblichen Einschätzungen zu einem Zeitpunkt der Vergangenheit und zum anderen die (gleiche) Forschung, die aus der geänderten Perspektive einer Jetztzeit als nicht mehr aktuell, als nicht mehr passende Antwort auf Fragen gilt, die sich im Lauf der Zeit geändert haben. Bestimmten Einsichten wird nicht mehr die Bedeutung zugeschrieben, die sie einmal hatten; ihre Zeit ist in diesem Sinne vergangen. Aber auch dieses Vergehen ist mehr als ein bloßes Geschehen: Das forschende Gespräch selbst läßt gesicherte Erkenntnisse und etablierte Thesen altern. Das Abarbeiten am Alten mit neuen Fragen schärft nicht nur diese, trägt nicht nur zur Formung des Neuen in der Forschung bei, sondern hinterläßt auch im vermeintlich gesicherten Forschungsstand seine Spuren. Es handelt sich um einen Austauschprozeß, um ein Gespräch in diesem Sinn: Fragen, Anfragen gehen in beide Richtungen. Historizität und Gegenwärtigkeit stehen so in einem Wechselverhältnis. Der neue Zugriff auf das bereits Erforschte läßt auch dieses in einem veränderten Licht erscheinen. Und dennoch ist dieser Rekurs auf das Vergangene in der Forschung, auf die Forschungsgeschichte, zur Konstituierung der Gegenwart der geisteswissenschaftlichen Forschung so unausweichlich wie notwendig.

Die damit einhergehende Überformung ist dagegen kein Einwand. Die alte Forschung ist vielmehr – wenn auch in unterschiedlichem Maße im Einzelfall – das Material der neuen Forschung. Die Historizität der Forschungspraxis ist zwar auch mit der Historizität der Forschungsgegenstände verwoben. Sie kann aber systematisch klar von ihr getrennt werden: zu deutlich können sich Zeittakte voneinander unterscheiden. Eine Darstellung der Römischen Geschichte aus der Zeit des Historismus trägt andere Züge als eine vom Ende des zwanzigsten Jahrhunderts – das ist auch ein Tribut an hundert Jahre Forschungsgeschichte und veränderte Fragehorizonte. Aber klar ist, daß beide Aufarbeitungen in ihrer Historizität eine andere Ebene betreffen als die Geschichtlichkeit (Gewordenheit, Veränderung in der Zeit, eben auch: Historizität) der Zeit der Römischen Geschichte. Forschungsgegenstand und Forschungspraxis der Geisteswissenschaften sind beide kategorial historisch – und doch gilt es beide Ebenen auseinander zu halten: einmal, um sie nicht zu verwechseln und um Anfragen an die richtige Ebene zu adressieren, und zum anderen, um die Relevanz der Kategorie Historizität zu erfassen, die eben sowohl große Teile möglicher Gegenstandsbereiche der Geisteswissenschaften betrifft wie den überindividuellen sozialen Prozeß ihrer Erforschung.

2. Dialogizität/Intersubjektivität

Die Kategorie der Dialogizität beziehungsweise Intersubjektivität bezieht sich auf eine spezifische Form der Verwobenheit, mit der es geisteswissenschaftliche Forschung zu tun hat. Diese Verwobenheit läßt sich wieder sowohl auf die Gegenstände geisteswissenschaftlicher Forschung als auch auf ihre Forschungspraxis selbst beziehen. Große Teile der Gegenstände sind abstrakter, nicht-materieller Natur, stellen selbst Gesprächszusammenhänge dar, in denen unterschiedliche Positionen politischer, ideologischer, existenzieller Art im realen Leben oder in gedanklichen Konstrukten artikuliert und zwischen verschiedenen Vertretern ausgetauscht werden. Und auch die materiellen Gegenstände geisteswissenschaftlicher Analyse werden auf solche „Gesprächsbeiträge" hin untersucht: Was können wir daran erkennen? Worauf verweist das? Was soll zum Ausdruck gebracht werden? Zu welchem Zweck wurde ein Gegenstand gebraucht? Was wird daran deutlich? Das sind Fragen, die auch Gebrauchsgegenstände in eine Deutungspraxis einbeziehen, sie in gewisser Weise als Adressaten behandeln. Von daher ist die dialogische und intersubjektive Verfaßheit nicht ein Privileg etwa sprachlich geäußerter oder im Handeln wirksamer kommunikativer Beiträge von Personen als Akteuren im Feld des intersubjektiven Dialogs. Gleichwohl bezieht sich die Kategorie der Dialogizität und Intersubjektivität primär auf diese letztgenannten Beiträge.

Auf der Ebene des Gegenstandsbereichs geisteswissenschaftlicher Forschung sind es zunächst die immateriellen Forschungsgegenstände wie Theorien, Ereignisse und der gedankliche Gehalt oder die ästhetische Wirkung von Kunstwerken, für welche diese Kategorie wirksam wird. Aber schon die materielle Seite von Kunstwerken, ihre Gegenständlichkeit – eindrücklich etwa bei Plastiken – verweist auf das bestehende Kontinuum zwischen materiellen und nicht-materiellen, ideellen Gegenständen geisteswissenschaftlicher Forschung. Hier wird am Beispiel der Kategorie Dialogizität beziehungsweise Intersubjektivität deutlich, daß die Ränder des Bezugsfeldes der Kategorien nicht eindeutig definiert, nicht eindeutig zu definieren sind. Es sind nicht alle Kategorien für alle geisteswissenschaftliche Disziplinen oder alle Gegenstandsbereiche in gleicher Weise einschlägig. Gleichwohl fallen klare Trennungen schwer: Verbindungslinien lassen sich herstellen – wie eben beispielsweise von Gegenständen als Adressaten in Kommunikationsprozessen gesprochen wurde – , und die Kategorien werden ja generell als sich in bestimmten Hinsichten überlappend verwendet. Die einzelnen Kategorien sind eben ausdrücklich mehr oder weniger relevant für einen konkreten Untersuchungsgegenstand.

Für die Ebene der Forschungspraxis liegen die Dinge einfacher: In der geisteswissenschaftlichen Forschung lassen sich die erarbeiteten Resultate hinsichtlich ihrer Verfaßtheit hin auf einen Dialog und auf intersubjektive Austauschprozesse nicht zwischen solchen unterscheiden, die sich auf materielle, und solchen, die sich auf ideelle Forschungsgegenstände beziehen. Als geisteswissenschaftliche Forschungsarbeit befinden sie sich in jedem Fall in der Sphäre des zumeist sprachlich artikulierten gedanklichen Austauschs. Und hier wirkt die Kategorie der Dialogizität und Intersubjektivität.

In der bisherigen Verwendung ist die gerade behandelte Kategorie selbst ein Beispiel für die mangelnde Eindeutigkeit, für die auch die geisteswissenschaftliche Forschungsarbeit mancherorts kritisiert wird. Was ist mit Dialogizität im Unterschied zu Intersubjektivität gemeint, was mit Intersubjektivität im Unterschied zu Dialogizität? Es soll sich ja, so der Stand ihrer Einführung jetzt, um *eine* Kategorie handeln, eine Kategorie aber offenkundig, in der sich noch zwei Aspekte oder Hinsichten unterscheiden lassen. Die oben angesprochene Verwobenheit in Gesprächszusammenhänge charakterisiert die Kategorie in der Tat zentral, und Dialogizität und Intersubjektivität markieren zwei unterscheidbare Teile solcher Gesprächszusammenhänge, die hinsichtlich ihrer Bedeutung ein gleiches Recht haben.

Intersubjektivität erinnert begrifflich an die konstitutiven Bestandteile eines Gesprächs, an die Subjekte, die einzelnen Teilnehmer. Zugleich legt der Begriff einen Akzent auf das, was zwischen den sich austauschenden Subjekten geschieht, sozusagen den Austausch selbst. Intersubjektivität erinnert aber trotzdem an die Quelle des Austauschs, an das Subjekt; der Begriff hat sozusagen einen individualistischen Zug. Darin unterscheidet er sich von dem der Dialogizität. Hier hat sich das Gespräch begrifflich verselbständigt; es hat einen Eigenwert bekommen, der unabhängig von individuellen Gesprächsteilnehmern ist. Akzentuiert wird mit dem Begriff Dialogizität die gewissermaßen eigene Dignität, die das jeweilige Gespräch als solches, der jeweilige Austausch als solcher hat. Dialogizität bezieht sich in erster Linie auf den kommunikativen Mehrwert, den der intersubjektive Austausch hervorbringt, und gibt diesem eine eigene Relevanz, die nicht (mehr) auf den einzelnen Gesprächsäußerungen beruht oder die einzelnen Gesprächsteilnehmer als Quelle würdigt. Je nach dem einzelnen Fall einer geisteswissenschaftlichen Untersuchung, wäre die einschlägige Kategorie besser Dialogizität oder Intersubjektivität zu nennen – für die abstrakte Ebene dieser Ausführungen mag aber die eher summarische Benennung genügen.

Hier kommt es zum einen auf die Einheitlichkeit der Kategorie und zum anderen auf die einzelnen Implikationen an, welche die Kategorie Dialogizität/Intersubjektivität für die geisteswissenschaftliche Forschung mit sich bringt. Beides soll im folgenden anhand der Frage nach den Forschungsgegenständen (a) und nach der Forschungspraxis (b) näher verfolgt werden.

Das „Sprechen" der Forschungsgegenstände

a) Die angesprochene Form der Verwobenheit geisteswissenschaftlicher Forschungsgegenstände kann, über die Konzeptualisierung als Gesprächssituation hinausgehend, weiter herausgearbeitet werden. So sind die Gegenstände dieser Forschung, als Theorien, als Geschehenszusammenhänge, als künstlerischer Ausdruck und als Quellenmaterial, oftmals selbst im Rahmen diskursiver Auseinandersetzung oder handelnder Interaktion entstanden. Geschehen in der Zeit und mehr noch die Deutung von Geschehen in der Zeit – beides kann Gegenstand späterer Forschung sein – ist, aus menschlicher Perspektive, schon auf Verständnis hin angelegt; auch was einfach geschieht, bedarf der Erläuterung, der Erklärung, der sinngebenden Aneignung. Geisteswissenschaftliche Forschung sortiert Auseinandersetzungen um politische Macht, um wissenschaftliche Richtigkeit, um interpretative Angemessenheit, um lebenspraktische Paßfähigkeit (materieller Güter) und um weltanschauliche Wahrheit – sie sortiert sie, kommentiert, stellt zusammen und Zusammenhänge her, erläutert und interpretiert ihrerseits. Die Gegenstände geisteswissenschaftlicher Forschung müssen dabei im Rahmen ihrer Erforschung erst genau definiert werden, denn die Grenzen der Gegenstände ergeben sich nicht von selbst, sind selten von der Sache her gegeben, sondern bedürfen der Festlegung, die aus einem bestimmten Fragehorizont heraus vorgenommen wird und werden muß.

Das Gespräch, die diskursive Auseinandersetzung, die handelnde Interaktion sind meistens nicht von sich aus abgeschlossen oder beendet. Der Forscher steht vor der schwierigen Aufgabe, die schon aus forschungspraktischen Gründen immer notwendige Einschränkung seines Untersuchungsfeldes zu rechtfertigen – und das kann er paradoxerweise eigentlich nur, wenn er einigermaßen weiß oder einschätzen kann, was hinter dessen Grenzen liegt. Er muß das thematische Umfeld seines Untersuchungsgegenstandes kennen, um diesen einigermaßen präzise überhaupt festlegen und definieren zu können.

Eigentlich müßte er schon alles wissen, ehe er beginnt, weil nur so die vorgesehene forschende Vertiefung als sinnvoll erwiesen werden kann. Er steckt sozusagen im heuristischen Zirkel fest. Das ist zumindest das Resultat einer theoretischen Überlegung. Praktisch, aus dieser Not gedrungen, ist die Sache nicht so schwierig: Mit einer unvermeidlichen und im Einzelfall sehr unterschiedlich ausgeprägten Hemdsärmeligkeit werden die Untersuchungsgegenstände geisteswissenschaftlicher Forschung auf der Grundlage von (nur) vorläufigen Abgrenzungen festgelegt, bei denen vieles nur unterstellt, als Randbedingung festgelegt, als theoretischer Rahmen provisorisch konstruiert wird. Die Dialogizität und Intersubjektivität geisteswissenschaftlicher Forschungsgegenstände zwingt die Forscher zu einer präsumtiven Definition, die der in ihnen angelegten Kommunikation und Interaktion zum Zwecke der Darstellung und Auslegung ein Ende macht.

Mit der Kategorie Dialogizität/Intersubjektivität richtet sich der Blick des Forschers sowohl auf die einzelnen Subjekte der kommunikativen und interaktiven Austauschprozesse, die zu einem Netz von impliziten oder expliziten Bezugnahmen aufeinander verwoben sind, als auch auf das Substrat solcher Prozesse, das Abstraktum, das schon den Beteiligten, zumindest aber dem geisteswissenschaftlichen Forscher als immaterieller Gegenstand von herausgehobener Güte erscheint. Bei letzterem, beispielsweise einer Theorie oder einer Deutung von Geschehnissen oder Kunstwerken, ergibt sich die besondere Schwierigkeit, daß sich der Gegenstand geisteswissenschaftlicher Forschung und diese Forschung nicht strukturell unterscheiden: beide deuten, interpretieren, behaupten. Die geisteswissenschaftliche Forschung ist zu großen Teilen die Analyse von vorliegenden Deutungen, Interpretationen und Behauptungen, sie ist Deutungs-Deutung, Interpretations-Interpretation und rekonstruiert und bewertet nicht-wissenschaftliche und wissenschaftliche Behauptungen anderer. Die mit der „Annahme" eines Untersuchungsbereichs als Gegenstand der Forschung verbundene Zuschreibung von Güte im Sinne von Relevanz führt auch dazu, daß oftmals Individuen als historisch bedeutsame Akteure oder als wissenschaftliche Innovatoren ins Zentrum geisteswissenschaftlicher Untersuchungen rücken. Sie gelten dann als bedeutende Beiträger in einer wissenschaftlichen Auseinandersetzung oder Handelnde mit einem besonderen Einfluß auf überindividuell bedeutsame Ereignisse. Ihre Gesprächs- oder Tathandlungen werden bewußt aus den entsprechenden Auseinandersetzungen, in die sie eingebettet sind, herausgegriffen und mehr oder minder isoliert oder konzentriert untersucht. Auf den Dialog und intersubjektive Handlungs- oder Theoriestränge bezogen bleiben sie aber allemal. Die Dialogizität oder Intersubjektivität geisteswissenschaftlicher Gegenstände rechtfertigt schon, die Kategorie der Dialogizität/Intersubjektivität einzuführen. Vielleicht mehr noch gilt dies, wenn die geisteswissenschaftliche Forschungspraxis in den Blick genommen wird.

Forschung als diskursive Praxis

b) Auf den Vermittlungspunkt zwischen den beiden Ebenen der Forschungsgegenstände und der Forschungspraxis ist schon hingewiesen worden: die strukturelle Vergleichbarkeit zumindest wichtiger Teile des Gegenstandsbereichs mit der Forschungspraxis bezüglich der Tätigkeit des Deutens und Interpretierens. Deuten und Interpretieren ist dabei selbst eine dialogische Praxis, eine Praxis der Auseinandersetzung mit Ansprüchen und Behauptungen anderer – Diskutanten oder Handlungen – und stellt Beziehungen zwischen verschiedenen Subjekten (oder Quasi-Subjekten) her. Die geisteswissenschaftliche Forschung zu einem Sujet zu einem beliebigen Zeitpunkt ist immer ein aktueller Ausschnitt aus einem Gesprächszusammenhang, markiert den Stand einer Diskussion um wissenschaftliche Fragen. Der geisteswissenschaftliche Diskurs ist der Forschung nichts Äußeres, etwa als Auseinandersetzung um Meinungen, die erst noch zu gesichertem Wissen werden müssen, sondern er selbst ist diese Forschung. Wer den Forschungsstand zu einer geisteswissenschaftlichen Frage benennen will, muß den Stand einer Diskussion referieren. Der Raum des Intersubjektiven, in dem diese Diskussion geführt wird, ist gewissermaßen der Adressat geisteswissenschaftlicher Forschung. In ihm wird über die Geltung von Thesen und die Anerkennung von Ergebnissen diskursiv, also in der argumentativen Auseinandersetzung, entschieden. Auf den wissenschaftlichen Diskurs hin wird geforscht. Geisteswissenschaftliche Forschung ist in implizite oder explizite Diskussionszusammenhänge verwoben und bindet sich über Bezugnahmen aktiv selbst in diese ein.

Von außerwissenschaftlichen Diskussionen und Auseinandersetzungen unterscheidet sich die geisteswissenschaftliche Forschung durch eine methodische Reflexion, durch den Grad der Ausdrücklichkeit und Detailliertheit, mit dem auf andere Bezug genommen wird, und durch die Qualität der vorgebrachten Argumente. Erst argumentative Stringenz im Sinne der Triftigkeit von Schlüssen und von wohlgeordnet eingebrachtem Kenntnisreichtum macht aus einer im Medium der Sprache geführten Diskussion einen geisteswissenschaftlichen Diskurs. Über das unterschiedliche Niveau und die tragende Rolle von Argumentationen (und nicht etwa Machtpositionen) lassen sich damit wissenschaftliche von nicht-wissenschaftlichen Auseinandersetzungen prinzipiell trennen. Die Kategorie Dialogizität/Intersubjektivität betont dabei die sozusagen natürliche Gleichheit der beteiligten Beiträger, der Argumentationspartner. Was im geisteswissenschaftlichen Diskurs zählt, was anerkannt wird, wird dies aufgrund von Argumenten zur Sache. In der fiktiven, aber für die geisteswissenschaftliche Forschung konstitutiven Ursprungssituation zählt jedermanns Beitrag zunächst gleichviel – zunächst, nämlich vor der Prüfung der vorgebrachten Argumente durch die gleichberechtigten anderen Diskussionsteilnehmer.

Nun ist auch die Prüfung von Argumenten bezüglich ihrer Qualität eine heikle Sache und entsprechend ein vollständiger Konsens der beteiligten Diskussionspartner zu einem Punkt praktisch eine Illusion – abgesehen davon, daß schon die Historizität der Forschungspraxis so etwas wie endgültige Konsense ausschließt. Von daher ist die vorgebrachte Unterscheidbarkeit von Diskussionen und Auseinandersetzungen wissenschaftlicher und nichtwissenschaftlicher Art anhand ihres argumentativen Niveaus in konkreten Fällen nur sehr eingeschränkt gegeben. Um die Triftigkeit von Argumenten wird eben gestritten, und wer einen Einwand nicht nachvollziehen kann oder auch nur faktisch nicht nachvollzieht, der bezweifelt damit auch seine Qualität; „unter Niveau" befinden sich dann immer die anderen. Diese praktische Schwierigkeit ändert aber nichts an der kategorial dialogischen und auf intersubjektive Geltung ausgerichteten Verfaßtheit der geisteswissenschaftlichen Forschung. Der schleichende Übergang zwischen lebensweltlichen und geisteswissenschaftlichen Diskussionen oder, um die Begriffe einmal diesen Sphären zuzuordnen, zwischen Diskussionen und Diskursen verweist auf die prinzipielle Eingebundenheit geisteswissenschaftlicher Forschung in den größeren Zusammenhang der Lebenswelt. Und in dieser spielen Argumente eben eine deutlich geringere Rolle als in der geisteswissenschaftlichen Forschung.

Für die Praxis geisteswissenschaftlicher Forschung lassen sich die beiden Begriffe Dialogizität und Intersubjektivität noch einmal akzentuieren: Die Dialogizität der Forschungspraxis hebt ab auf die Form des Austausches, auf das Hin und Her von Argumenten, Hinweisen, Fakten und Bewertungen, auf den damit umschriebenen Prozeß, während sich die Intersubjektivität auf die angestrebte oder erreichte Geltung von argumentativen Ansprüchen bezieht und damit auf einen fixierbaren Zwischenschritt im Forschungsprozeß. Was intersubjektiv anerkannt wird, was als Argument zählt, ist positiv herausgehoben aus den ungeprüften und abgewiesenen Geltungsansprüchen. Diese Praxis der Anerkennung ist natürlich wiederum nicht an ein Ende in dem Sinn zu führen, daß irgendwann einmal alle beispielsweise einer These zugestimmt haben werden. Sie ist vielmehr prinzipiell relativiert durch die jeweils Anerkennenden. Dabei kann es auch schlicht um eine Mehrheit einschlägig ausgewiesener Fachleute gehen – wobei „einschlägig ausgewiesen" wieder die offenbar unvermeidliche Vagheit in die Überlegung einbringt.

Aber das sind an dieser Stelle theoretische Erörterungen, die für die in Frage stehende Forschungspraxis von eher untergeordneter Bedeutung sind. Der Stand der Dinge in der Forschung zu einem geisteswissenschaftlichen Gegenstand ist wohl in den meisten Fällen weniger umstritten, als es diese Überlegung nahe legt. Das bedeutet keineswegs, daß alle den Forschungsstand ausmachenden Aussagen von einem an einer Sache arbeitenden Geisteswissenschaftler geteilt werden. Sondern diese Aussage stellt in Rechnung, daß zu fast allen Fragen Bezüge auf die ältere Forschung gerade auch dann nötig und gewinnbringend sind, wenn ihre wichtigsten Aussagen vor dem Hintergrund neuer Kenntnisse oder Fragehorizonte in Abrede gestellt werden. Dieses wohlbalancierte Verhältnis aus der Anerkennung von wissenschaftlichen Leistungen und der kritischen („urteilenden") Distanz dazu angesichts eigener Fragestellungen ist charakteristisch für geisteswissenschaftliche Forschung und vollzieht sich in der

Kategorie Dialogizität/Intersubjektivität. Die Diskurssituation der Forschungspraxis funktioniert nur als Anerkennungspraxis auch bei divergenten Meinungen in der Sache. Auf dieser Grundlage sind abwägende Bezugnahmen möglich, die einen neuen Stand zu Sachfragen markieren.

Dialogizität und Intersubjektivität lassen sich für die praktische Arbeit geisteswissenschaftlicher Forschung auch als Diskursivität zusammenfassen: Forschung in den Geisteswissenschaften ist ein argumentativer Austauschprozeß, der auf der Praxis der Anerkennung von Teilnehmern an der wissenschaftlichen Auseinandersetzung beruht. Dabei sind Argumente in sehr unterschiedlichem Maß an Ausdrücklichkeit im Spiel: im Sinne von logisch richtiger Beweisführung einmal, im Sinne des Präsentierens einer durch Fakten abgesicherten und plausibel erzählten „Geschichte“ ein anderes Mal. Es wäre eine unzulässige Verkürzung der Leistung geisteswissenschaftlicher Forschung, wollte man, wie es aus einer an naturwissenschaftlichen Maßstäben orientierten Sichtweise möglicherweise naheliegt, dieses Geschichten-Erzählen als irgendwie grundsätzlich defizitär qualifizieren. In der Forschung erheben solche Erzählungen natürlich den Anspruch auf Plausibilität und stellen sich der argumentativen Auseinandersetzung der Fachleute genauso wie etwa mathematische oder logische Beweise. Ist das richtig dargestellt? Kann man das so sagen? Ist die Fragestellung sinnvoll, die Durchführung einleuchtend? Solche Anfragen richten sich in der Forschungsdiskussion an Darstellungen, die mehr als Ganze Geltungsansprüche auf Angemessenheit oder Richtigkeit stellen. Dialogizität/Intersubjektivität ist eine geisteswissenschaftliche Kategorie, die, anders als etwa Historizität, in besonderem Maße für die Forschungspraxis bedeutsam wird und sich dort als Diskursivität von der dialogischen Praxis und der intersubjektiven Geltungsmacht nicht-diskursiver Interaktionen anderer menschlicher Lebensvollzüge absetzt.

3. Spezifizität

Geisteswissenschaftliche Forschung ist selten auf der Suche nach Gesetzen. Das ist zunächst insofern überraschend, als die Suche nach Gesetzmäßigkeiten für eine genuin wissenschaftliche Aufgabe gehalten wird. Nun sind zwar die Schwierigkeiten bei diesem Unterfangen aus verschiedenen Blickwinkeln heraus bekannt. Aber sie führen in der weit verbreiteten Wahrnehmung und Einschätzung nicht dazu, die begriffliche Kopplung von Wissenschaft und Gesetzmäßigkeit in Frage zu stellen. Dieser Befund müßte eigentlich als überraschend gelten – daß dies nicht der Fall ist, hängt mit der Defensive zusammen, in der sich die Geisteswissenschaften nicht nur in der öffentlichen Wahrnehmung, sondern auch in wissenschaftstheoretischen Diskussionen befinden. Was sich in Teilen der öffentlichen Wahrnehmung als Legitimationskrise äußert, findet sein Äquivalent in wissenschaftstheoretischen Debatten, die unter diesem Namen geführt werden, in schlichter Ignoranz. Daran, daß Fragen nach den Arbeitsweisen, Methoden, Erkenntnismöglichkeiten und -gegenständen der Geisteswissenschaften Gegenstand der Wissenschaftstheorie sind, muß erst einmal erinnert werden. Die Fragen werden zwar gestellt – etwa im Rahmen der Erklären-Verstehen-Kontroverse, des Positivismus- und Werturteilsstreites oder der Hermeneutik, auch in neueren Diskussionen um die Kulturwissenschaften –, aber die ausdrückliche Wissenschaftstheorie hat sich lange Zeit auffällig intensiver mit den Naturwissenschaften als mit den Geisteswissenschaften beschäftigt. Implizit gelten die Geisteswissenschaften nicht als theoriefähig – in dem einfachen Sinn mangelnder Gesetzmäßigkeit.

Das Anliegen dieser Untersuchung schlägt ja eine davon abweichende Orientierung vor: Gefragt wird nach dem, was Geisteswissenschaftler tun. Und auf diese Frage ist eine Antwort von kategorialem Gewicht: Sie befassen sich mit spezifischen Gegenständen auf eine spezifische Art und Weise. Bereits in der Frühzeit der aus heutiger Sicht so zu nennenden wissenschaftstheoretischen Auseinandersetzung um die Geisteswissenschaft im Neukantianismus ist mit der eingangs erwähnten Windelbandschen Unterscheidung von „nomothetisch“ und „idiographisch“ verfahrenden Wissenschaften auf diesen Punkt hingewiesen worden. Letztere, die Geisteswissenschaften, richten sich auf ein Besonderes, Spezielles, Einmaliges, Einzigartiges beziehungsweise arbeiten gerade dieses an ihren Gegenständen heraus. Ob die jeweilige Spezifizität mehr den Gegenständen oder der Fragestellung zuzuschreiben ist – das ist für viele geisteswissenschaftliche Forschungsarbeiten selbst wieder eine Untersuchung wert. Die Spezifizität der geisteswissenschaftlichen Forschung will aber unabhängig von dieser Frage so gar nicht in das gängige Wahrnehmungsraster passen, das Wissenschaftlichkeit nicht nur an intersubjektive Überprüfbarkeit, sondern vor allem an Gesetzmäßigkeit bindet.

Es geht in der geisteswissenschaftlichen Forschung zumeist um den Einzelfall als Einzelfall und nicht als Beispiel für eine Regularität. Natürlich wird dabei mit Vergleichen gearbeitet, und selbstverständlich müssen Einzelfälle in größte Kontexte eingebettet werden, vor deren Hintergrund ihre Besonderheit allererst erhellt. Theorien oder verallgemeinernde Thesen sind den Geisteswissenschaften dabei nicht fremd, aber ein – im Einzelfall tatsächlich nicht leicht zu bestimmendes – Maß an Abstraktheit kann die geisteswissenschaftliche Forschung nicht überschreiten, ohne sachlich leer und damit auch im dramatischen Sinn sinnlos zu werden. Um es pointiert zu sagen: Eine geisteswissenschaftliche Weltformel kann es nicht geben. Jene sehr verdichtenden Modellbildungen, die in gewisser Hinsicht den Kern formaler oder mit (mathematischen) Formeln arbeitender Wissenschaften bilden, würde geisteswissenschaftliche Forschung ihres Gegenstandes berauben. Das gilt für materiale Gegenstände sicherlich in größerem Maße als für ideelle wie etwa philosophische Theorien, kann aber über die Breite geisteswissenschaftlicher Forschung als Spezifikum festgehalten werden. Hierbei scheint im übrigen auch die für weite Teile der Geisteswissenschaften geltende Sprachgebundenheit eine Rolle zu spielen, auf die noch eigens einzugehen sein wird.

Zunächst soll aber die Kategorie der Spezifizität in der inzwischen gewohnten Aufteilung mit Blick auf die Gegenstände (a) und die Forschungspraxis (b) der Geisteswissenschaften näher herausgearbeitet werden.

Mit der Unterscheidung von Spezifizität auf den beiden Ebenen der Gegenstände und der Forschungspraxis ist auch die allgemeine, über die Geisteswissenschaften hinausgehende Frage nach dem Charakter wissenschaftlichen Wissens – ist es gemacht, konstruiert, oder wird entdeckt, was ist? – angesprochen. Sie soll auch in der Einschränkung auf die Geisteswissenschaften hier gar nicht näher thematisiert werden; ihre Beantwortung führt für das hiesige Anliegen nicht weiter. Sie ist als Frage aber dennoch von Bedeutung, weil sie den Blick sowohl auf die Forschungsgegenstände wie auf die Herangehensweise der Forschung an ihre Gegenstände lenkt und mit Bezug auf die Kategorie Spezifizität so den Bogen ihrer Anwendungsbereiche und ihres Wirkungskreises weit spannt. Mit der analytischen Trennung von Gegenstand und Forschungspraxis an dieser Stelle soll noch einmal deutlich werden, daß unabhängig von der wie auch immer ausfallenden Beantwortung der allgemeinen wissenschaftstheoretischen Fragestellung, die ihrerseits noch einmal facettenreich variiert werden kann, die Kategorie der Spezifizität auf jeden Fall von nachdrücklicher Relevanz für die Charakterisierung geisteswissenschaftlicher Forschung ist. Anders gesagt: Ob die Spezifizität der geisteswissenschaftlichen Forschung (eher oder mehr) ihren Gegenständen oder (eher oder mehr) der Art und Weise ihres Vorgehens, ihren Methoden geschuldet ist, spielt hier deshalb eine untergeordnete Rolle, weil in der geisteswissenschaftlichen Forschung jedenfalls die Ergebnisse sehr oft in der Herausarbeitung einer bestimmten Einzigartigkeit bestehen.

Die Besonderheit der Gegenstände

a) Zunächst geht es ausdrücklich um die Gegenstände der Forschung. Aus der Fülle möglicher Gegenstände aus der materialen oder ideellen Welt – die im Zusammenhang mit der Kategorie Universalität noch eigens angesprochen wird – greift eine geisteswissenschaftliche Untersuchung einen Gegenstand oder eine Klasse von Gegenständen nach bestimmten Kriterien heraus, um ihn beziehungsweise sie näher zu analysieren, und das heißt: um die jeweilige Besonderheit in Vergleich zu anderen Gegenständen oder Gegenstandsklassen herauszuarbeiten. Was zeichnet einen Forschungsgegenstand aus, was macht ihn zu etwas Besonderem? Was macht ihn so bedeutsam, daß er die Mühe einer eingehenden Untersuchung wert ist? Diese Fragen bedürfen in der geisteswissenschaftlichen Arbeit der Antwort, und dabei geht es um die Spezifizität des in Frage stehenden Forschungsgegenstandes.

Auf zwei Eigentümlichkeiten ist dabei besonders hinzuweisen: Die Rede vom Gegenstand der Forschung „beziehungsweise" einer Gegenstandsklasse als Objekt der geisteswissenschaftlichen Forschung soll für die abstrakte Überlegung an dieser Stelle offen lassen, was generell in der geisteswissenschaftlichen Forschung thematisiert werden kann. Die Spezifizität der Gegenstände geisteswissenschaftlicher Forschung bezieht sich nicht zwangsläufig auf numerisch einen Gegenstand (etwa eine Theorie, ein Gedicht, ein Bild, einen Tonkrug, ein Ereignis), sondern kommt auch zum Tragen, wenn mehrere verwandte Forschungsobjekte analysiert werden (etwa Ansätze zur Naturphilosophie im 19. Jahrhundert, Gedichte in der Epoche der Romantik, Landschaftsbilder in der englischen Malerei, archäologische Funde auf Kreta oder Revolutionen im Europa des letzten Jahrhunderts).

Die Spezifizität geisteswissenschaftlicher Forschungsgegenstände kann sowohl für singuläre Forschungsobjekte als auch für Forschungsobjekte herausgearbeitet werden, die erkennbar zusammen gehören und in ihrem Zusammenhang als singulär im Vergleich mit anderen Objektklassen gelten. Gelten? Die Frage weist auf ein weiteres Problem: Bei genauerem Hinsehen ist, auf der Ebene der abstrakten Überlegung wie auch im Fall der konkreten Forschung, gar nicht klar, von welchen Gegenstandsklassen ausgegangen werden kann. Ja, genau genommen ist nicht einmal klar, was überhaupt sinnvoll als ein Gegenstand gelten kann. Die Gegenstände geisteswissenschaftlicher Forschung konstituieren sich gewissermaßen erst im Prozeß der Analyse, sie müssen beschrieben und abgegrenzt werden, sie werden in ihrem Aufbau und in ihrer möglichen Sinn-Konstitution erst erkennbar, wenn sie analysiert, wenn sie verstanden werden. Naturgemäß ist das bei Gegenstandsklassen schwieriger als bei erkennbar singulären Gegenständen, aber grundsätzlich stellt sich die Aufgabe auch bei diesen.

Dieser Gedanke leitet über zur zweiten Eigentümlichkeit. Trotz des Verweises auf die Bedeutung des Forschungsprozesses, der in den Geisteswissenschaften maßgebliche Auswirkungen auf die Konstitution des Forschungsgegenstandes haben kann, ist es natürlich nicht sinnvoll, in radikaler Manier zu behaupten, eigentlich wisse ein geisteswissenschaftlicher Forscher zu Beginn seiner Arbeit gar nicht, womit er sich beschäftige, schließlich sei eigentlich erst der Forschungsprozeß zu Ende zu führen, um sagen zu können, als was sich der Forschungsgegenstand denn nun erwiesen habe. Die erwähnten Relevanzzuschreibungen, die maßgeblich für die Auswahl der Forschungsgegenstände sind, finden selbstverständlich gerade zu Beginn der Forschungsarbeit statt, also zu einem Zeitpunkt, an dem der Gegenstand vielleicht noch nicht ganz klar umrissen werden kann, aber gleichwohl begründete Vermutungen, Thesen, Ahnungen dazu bestehen, die zumindest dergestalt sind, dem Forschungsgegenstand hinreichende Relevanz für eine eingehende Untersuchung zuzuschreiben.

Das klingt möglicherweise trivialer als es ist, denn dieser Umstand verweist auf eine Kopplung geisteswissenschaftlicher Forschung an außerwissenschaftliche Sinn- und Relevanzkriterien, die unumgänglich ist. Geisteswissenschaftliche Forschung ist insofern von ihrem Anfang an an Fragestellungen und Problemlagen orientiert, die aus dem sogenannten praktischen Leben stammen. Über das die Forschung leitende Erkenntnisinteresse nimmt sie geradezu ihren Ausgangspunkt in der Lebenswelt der Menschen, die die Geisteswissenschaften um orientierendes Wissen ersuchen – sei es als wissenschaftlicher Laie, sei es als Mensch, der selbst geisteswissenschaftlich arbeitet. Das Etwas-wissen-Wollen ist ein Leitmotiv für die Durchführung oder, in gesellschaftlicher Arbeitsteilung, für das Durchführen-Lassen von geisteswissenschaftlichen Forschungsarbeiten. Von diesem Leitmotiv her ergibt sich schon die grundsätzliche, kategoriale Spezifizität der jeweiligen Forschungsgegenstände: Das Wissen-Wollen bringt auf den Weg zur Forschung, *etwas*, also ein Bestimmtes, Spezifisches, wissen zu wollen, nimmt das Ziel dieses Weges in den Blick. Dieses Ziel, das Erkenntnisziel, ist anfangs noch weit entfernt, und der Weg ist nicht über die ganze Strecke klar vor Augen, aber das Ziel gibt den Weg vor und leistet eine grobe Orientierung. Die Spezifizität geisteswissenschaftlicher Forschungsgegenstände hängt also eng mit dem Übergang von lebenspraktischen Orientierungs-Interessen zu wissenschaftlichen Fragestellungen und wissenschaftlichem Arbeiten zusammen. Das Besondere, das Spezifische, das Einzigartige eines Forschungsgegenstandes der Geisteswissenschaften interessiert uns nämlich nicht zuletzt dank seiner lebenspraktischen Orientierungsfunktion.

Mit dieser erwarteten Orientierung geht eine gewisse Wertzuschreibung einher, der zufolge einem geisteswissenschaftlichen Forschungsgegenstand eine gewisse Exklusivität eigen ist. Denn wir verstehen uns als Menschen selbst leichter von Extremen und Besonderheiten her, auch im Kontrast zur Normalität des eigenen Lebens. Von daher verwundert es wenig, daß es insbesondere maßgebliche Kulturleistungen sind, die immer wieder die spezifischen Gegenstände geisteswissenschaftlicher Forschungsbemühungen werden. Schon in der außerwissenschaftlichen ersten Beurteilung, die für die Auswahl geisteswissenschaftlicher Erkenntnisgegenstände maßgeblich ist, geht es um eine Besonderheit: Nicht irgend etwas, sondern etwas Besonderes, etwas Bestimmtes, wenn auch zunächst vorläufig oder tentativ Bestimmtes, wird zum Forschungsgegenstand erkoren.

Nun reicht dieses Bestimmen und Bestimmt-Werden allein noch nicht aus, um dessen Spezifizität zu erfassen. Denn die letztlich lebenspraktisch motivierten Auswahlprozesse gelten auf der abstrakten Ebene auch beispielsweise für Forschungen, die sich auf Gesetzmäßigkeiten beziehen. Die Spezifizität gerade der geisteswissenschaftlichen Forschungsgegenstände kommt aber speziell dadurch zum Tragen, daß die vermutete Einzigartigkeit eines Gegenstandes ausdrücklich der Grund für die Forschung ist. Viele geisteswissenschaftliche Forschungsgegenstände werden solche, gerade *weil* – wie dann in der Analyse genauer gezeigt werden soll – sie sich von allem Vergleichbaren abheben: zum Beispiel durch eine besonders gelungene Gestaltung (eines Kunstwerkes) oder durch die weitreichenden Konsequenzen (eines historischen Ereignisses). Allerdings kann es auch die Beispielhaftigkeit (eines Gegenstandes der Alltagskultur) sein, die hinter dem Forschungsinteresse steht – dann allerdings zumeist die Beispielhaftigkeit für ein wiederum irgendwie Spezifisches (zum Beispiel eine kulturelle Epoche). Die Gegenstände der Geisteswissenschaften sind deshalb interessant, weil sie unverwechselbar, besonders, ausgezeichnet sind. Ihre Einmaligkeit motiviert, sie zu Gegenständen der Forschung zu machen. Und, anders herum betrachtet, das Ergebnis davon ist: Was als Gegenstand geisteswissenschaftlicher Forschung dient, läßt sich durch seine Spezifizität charakterisieren.

Die Entstehung des Besonderen durch die Forschungspraxis

b) Was ist die Ursache der Spezifizität der Geisteswissenschaften? Auch mit Blick auf ihre Forschungspraxis ist das eine aufschlußreiche Fragestellung. Sie hängt ja in der angesprochenen Weise mit der allgemeineren nach dem Konstruktions- oder dem Entdeckungscharakter von Wissenschaft zusammen. Die eben unternommenen Überlegungen zur Spezifizität der geisteswissenschaftlichen Forschungsgegenstände passen eher zu der Annahme, wissenschaftliche Erkenntnis bestehe wesentlich in der Entdeckung und Herausarbeitung von Vorfindlichem – wie etwa, in der Kategorie der Spezifizität, der Besonderheit des Forschungsgegenstandes. Das hier interessierende Spezifische wird eben dem Gegenstand zugeschrieben: *seiner* Besonderheit. Nimmt man den Konstruktionscharakter wissenschaftlicher Erkenntnis stärker in den Blick, so ergibt sich dagegen eine größere Nähe zur jetzt eingehender auszuführenden Überlegung, was die Kategorie der Spezifizität hinsichtlich der Forschungspraxis näher bedeutet. Dabei geht es nicht um die Spezifizität der Forschungspraxis im Vergleich zu anderen Praxisformen menschlichen Handelns, sondern um die Frage, ob die Spezifizität dieser Praxis uns bei der Frage nach der kategorialen Verfaßtheit der Geisteswissenschaften weiterbringt. Und diese Frage kann nun, unter Rückgriff auf bereits angedeutete Überlegungen und unter Verweis auf den Konstruktionscharakter von Wissenschaft, bejaht werden.

Die kategoriale Spezifizität der geisteswissenschaftlichen Forschungspraxis besteht darin, daß die Art der Vorgehensweise in der geisteswissenschaftlichen Forschung eine ganz bestimmte ist: *Gefragt* wird nach der Besonderheit des Gegenstandes; seine Spezifizität wird von Anfang an und während des ganzen Prozesses der Forschung gesucht, sie herauszuarbeiten ist das Ziel dieses Prozesses. Es ist insofern auch die Praxis der konkreten geisteswissenschaftlichen Forschungsarbeit, welche die Kategorie der Spezifizität trägt. Der Zugang zum geisteswissenschaftlichen Forschungsgegenstand erfolgt über die Frage, die Suche nach seiner Besonderheit. Sie wird, im Einklang mit den gerade angestellten Überlegungen zur Spezifizität, die sich von der Gegenstandsseite her ergibt, dem Gegenstand schon aus einer vorwissenschaftlichen Perspektive vorläufig zugeschrieben.

Was es hier in Abgrenzung zum Vorherigen und mit Blick auf die Forschungspraxis hervorzuheben gilt, ist zum einen der Prozeßcharakter der Zuschreibung von Spezifizität und zum anderen die Tatsache, daß es sich überhaupt um eine Zuschreibung handelt. Die Besonderheit eines geisteswissenschaftlichen Forschungsgegenstandes wird zu Beginn der Analyse zwar vorausgesetzt, das Entscheidende aber, das, was aus dem folgenden Prozeß überhaupt erst Forschung macht, ist der Nachweis seiner Besonderheit über eine nachvollziehbare und plausible Argumentation oder Indiziensammlung. Die zunächst nur unterstellte Spezifizität eines geisteswissenschaftlichen Gegenstandes muß in einem Forschungsprozeß erst erwiesen werden, und es ist dieser Forschungsprozeß, dessen es für diesen Nachweis unbedingt bedarf.

Und wie funktioniert der unter diesem Gesichtspunkt so bedeutsame Prozeß? Der geisteswissenschaftliche Forscher beschäftigt sich gerade mit der Besonderheit des Gegenstandes, er untersucht den Gegenstand mit Blick auf seine Spezifizität. Seine Methoden – über Vergleiche, Kontraste, das Herausarbeiten von Unterschieden – zielen auf eine (gewisse) Einzigartigkeit. Damit ergibt sich eine auf den ersten Blick argumentativ störende Zirkularität: Der geisteswissenschaftliche Forscher richtet all sein Bemühungen auf die Spezifizität seines Gegenstandes – was Wunder, daß er nur das findet, was er sucht! Diese Zirkularität ist aber unumgänglich: denn die Spezifizität geisteswissenschaftlicher Forschung mit Blick auf den Forschungsgegenstand wie auf die Forschungspraxis im Sinne des methodischen Vorgehens sind die jeweiligen Kehrseiten der gleichen Medaille. Sie lassen sich zusammendenken in der Überlegung zur außerwissenschaftlichen, lebensweltlichen Motivation der geisteswissenschaftlichen Forschung. Hinsichtlich der Spezifizität geisteswissenschaftlicher Forschung kann mit der analytischen Trennung von Gegenstand sowie Forschungspraxis und -prozeß vor allem ein unterschiedlicher Blick darauf geworfen werden, wie diese Art, Wissenschaft zu treiben, sich vor dem Hintergrund der Frage nach dem Charakter von Wissenschaft darstellt: Schaut man mehr auf die Gegenstände, so geht es um das Entdecken ihrer Eigenart; schaut man auf die Praxis des Forschungsprozesses, so wird der Konstruktionscharakter der geisteswissenschaftlichen Forschung, die Entstehung ihres Gegenstandes durch die Art zu fragen, deutlich.

Es kommt dabei, wieder einmal, auf die gewählte Perspektive an. Nach der Berechtigung der Perspektivwahl – so wäre aus der hier insgesamt vertretenen Position die angemessene Terminologie für die etablierte wissenschaftstheoretische Frage – wird aber an dieser Stelle noch nicht gefragt. Vielmehr soll der Zuschreibungscharakter von Spezifizität in geisteswissenschaftlichen Forschungsprozessen noch ausdrücklich hervorgehoben werden. Das Ergebnis des Prozesses der Zuschreibung von Spezifizität zu einem geisteswissenschaftlichen Gegenstand ist in den verschiedenen Stadien des Prozesses jeweils eine Zuschreibung auf einem bestimmten begrifflichen Niveau. Das Niveau hängt verständlicherweise mit dem Stand des Prozesses zusammen: Zu Beginn, lebensweltlich, lebenspraktisch motiviert, wird noch nicht die gleiche begriffliche Differenziertheit und Präzision wie am Ende der Untersuchung erreicht sein. Aber im Laufe einer geisteswissenschaftlichen Analyse werden Zwischenstände zu erwarten sein, Annäherungen an den Gegenstand und seine Besonderheit, mit denen erste Ergebnisse auf den Punkt gebracht werden können. Zu den verschiedenen Zeitpunkten im Fortgang der Untersuchung sind Zuschreibungen von Spezifizität möglich, mit denen erarbeitete Resultate festgehalten werden können.

Von besonderem Interesse ist dabei selbstverständlich der Endpunkt der Analyse: Was kann als Ergebnis des ganzen Forschungsprozesses gesichert werden? Das ist die besonders interessierende Frage – bezogen auf die Kategorie Spezifizität: Was ist es nun, das den Forschungsgegenstand besonders, was ihn als besonders auszeichnet? Die Antwort auf diese Frage – das gilt es an dieser Stelle zu betonen – hängt wesentlich von Zuschreibungen ab: davon, wonach gefragt wurde, davon, wie die Forschungsfrage gestellt wurde, davon, was zu Beginn vorläufig als sinnvoller Gegenstand der Untersuchung unterstellt wurde, davon, was der Forscher für wichtig gehalten hat, davon, was am Gegenstand als besonders herausgearbeitet wurde – davon nicht zuletzt, was über ihn herausgefunden werden sollte. Das Spezifische eines geisteswissenschaftlichen Forschungsgegenstandes wächst ihm auch sozusagen vom Forscher zu; was dieser wissen will, konturiert den Gegenstand.

Die Spezifizität des Forschungsprozesses besteht in dieser aktiven Rolle des fragenden geisteswissenschaftlichen Forschers: In seinen Zuschreibungen, die er mit Detailanalysen und Vergleichen, mit Quellen und Konsistenzüberlegungen erhärtet, entsteht die Spezifizität, die im Ergebnis dem Gegenstand angerechnet wird. Seine Besonderheit, seine Einzigartigkeit wird nur deshalb augenfällig, weil sie forschend gesucht – und im Erfolgsfall dann auch gefunden wird. Die Bedeutung der Spezifizität für die Geisteswissenschaften, für die Konstitution ihrer

Gegenstände und mit Blick auf die maßgebliche Rolle von Zuschreibungen im Forschungsprozeß, rechtfertigt ihre Zuordnung zu den geisteswissenschaftlichen Kategorien. Der kategoriale Charakter der Spezifizität für die Geisteswissenschaften läßt sich also insgesamt für beide der angesprochenen Ebenen festhalten.

4. Perspektivität

Mit der Behandlung der Kategorie der Perspektivität kann die eben gestellte Frage nach der Berechtigung einer Perspektivwahl sogleich in einem größeren Zusammenhang wieder aufgegriffen werden. Wenn die Perspektive die Fragestellung, den Gegenstand und die Vorgehensweise geisteswissenschaftlicher Untersuchungen maßgeblich prägt, stellen sich Fragen sowohl nach ihrer jeweiligen Entstehung als auch nach ihrer jeweiligen Berechtigung. Beide Fragen sind freilich auf der abstrakten Ebene der hiesigen Untersuchung nicht leicht oder jedenfalls so befriedigend zu beantworten, wie man es erwarten mag. Sie lassen sich trennen als Frage nach der Genese einer Perspektive und als Frage nach der Geltung oder Legitimität einer Perspektive und jeweils beziehen auf Fragestellungen, Gegenstände und Methoden. Das sich daraus ergebende Frageraster fügt sich nicht umstandslos in die bisher durchgehaltene Einteilung der Überlegungen zu den einzelnen Kategorien nach deren Gegenstand und nach der Forschungspraxis.

Ein Argument für diese Einteilung ergab sich aus der Kombination der zwei leitenden Hypothesen, die der gesamten Untersuchung zu Grunde liegen: Die Geisteswissenschaften werden tendentiell wissenschaftstheoretisch marginalisiert, und einer der wichtigsten Gründe dafür ist die relative Vernachlässigung der theoretischen Reflexion auf die faktisch vorfindliche Forschungspraxis der Geisteswissenschaften. Mit diesen Hypothesen setzt sich diese Untersuchung auseinander: und zwar mit der ersten implizit, indem hier schlicht und ohne allzu gesuchte Abgrenzungen von anderen Wissenschaften überhaupt von den Geisteswissenschaften die Rede ist, und mit der zweiten explizit, indem im Rahmen der Behandlung der maßgeblichen geisteswissenschaftlichen Kategorien die geisteswissenschaftliche Forschungspraxis in ihrer theoretischen Bedeutung ausdrücklich angesprochen wird. Nicht Gegenstand der Erörterung ist, was eingangs als Adäquatheitsthese vorgestellt worden ist: nämlich die Ausweitung des Relevanzbereichs der in dieser Untersuchung als spezifisch geisteswissenschaftlich eingeführten Kategorien über das Feld der Geisteswissenschaften hinaus.

Mit Blick auf die für diese Untersuchung gewählten Ziele – die Formulierung möge auf die Selbstanwendung des Ansatzes hinweisen – kommt also der Forschungspraxis für die Überlegungen eine über das Übliche hinausgehende Bedeutung zu. Vor diesem Hintergrund möchte ich versuchen, in der Darstellung das bisherige Einteilungsschema mit der Thematisierung zunächst des Gegenstandsbezugs der zu behandelnden Kategorie (a) und anschließend der Reflexion auf die einschlägige Forschungspraxis (b) beizubehalten und das davon abweichende Frageraster, das sich in einer ersten Reflexion auf die Kategorie Perspektivität ergibt, in diesem Rahmen zu behandeln.

Dabei ist schon an dieser Stelle klar, wie die Gewichte bei der Kategorie Perspektivität liegen: Es wird schwerpunktmäßig um die Forschungspraxis gehen müssen. Das kann insofern kaum überraschen, als zu Beginn der Untersuchung ja bereits die Kategorie Perspektivität herausgehoben und als mögliche Namensgeberin des insgesamt vertretenen Ansatzes vorgeschlagen wurde und der Forschungspraxis das besondere Augenmerk gelten soll. Zunächst geht es um auf die Gegenstände geisteswissenschaftlicher Forschung hinsichtlich ihrer Perspektivität.

Haben Forschungsgegenstände Perspektiven?

a) Dieser Zugang ist schon auf den ersten Blick kein leichtes Unterfangen: Perspektivität der Gegenstände geisteswissenschaftlicher Forschung – was kann das bedeuten? Perspektivität dürfte ja in der Tat diejenige der Kategorien sein, für die am deutlichsten der Bezug auf die Forschungspraxis dominiert, während es schwer ist, den Gegenständen geisteswissenschaftlicher Forschung eine ihnen eigene Perspektivität zuzuschreiben. Doch dabei hilft ein Rückgriff auf die Kategorie Historizität: Denn über die Historizität der Gegenstände geisteswissenschaftlicher Forschung läßt sich auch ihre Perspektivität plausibilisieren. Ein zweiter Gedanke hebt auf die Historisierung von

Perspektiven-Zuschreibungen ab, wie sie im Forschungsprozeß geschehen. Diese beiden Ansätze hängen in der Sache zusammen, sollen aber zunächst nacheinander angesprochen werden.

Die Historizität großer Teile der Gegenstände geisteswissenschaftlicher Forschung bezieht sich auf deren Eingebundenheit in faktische oder fiktive Ereigniszusammenhänge und damit auf bestimmte, im Prozeß der Forschung hinsichtlich ihrer Begrenzung näher zu legitimierende Zeitabschnitte. Auch innerhalb dieser Zeitabschnitte, die möglicherweise aus einer längeren zeitlichen Distanz zum Betrachter oder Forscher eher etwas Gleichförmiges, Starres oder Statisches bekommen, hat es natürlich Bewegung und Entwicklung gegeben; es ist etwas geschehen, Ereignisse haben stattgefunden, die Dinge waren zu Beginn der betrachteten Periode anders als an ihrem Ende. Die Entwicklung eines faktischen Geschehens (beispielsweise für die Geschichtswissenschaft) oder eines fiktiven Geschehens (beispielsweise für die Literaturwissenschaft) macht aus der Periode als Forschungsgegenstand etwas Besonderes, legt sozusagen von der Sache her eine Wahrnehmungsperspektive fest, die, bei allem Zuschreibungscharakter im Sinne der zuvor thematisierten kategorialen Spezifizität des Forschungsprozesses, fern von Beliebigkeit ist. Die Französische Revolution beispielsweise „zwingt" dem Forscher Fragen wie die nach den Gründen für ihre Vorgeschichte und ihren Ablauf, für die Bedeutung der Staatsformwechsel in der Geschichte und ihre Relevanz für die europäische Geschichte um 1800 und in den Jahrzehnten danach geradezu auf

– einschlägig arbeitende Forscher sehen sich von der Sache und nicht nur von ihren Fragestellungen her genötigt, sich zu diesen Fragen zu verhalten. Gewisse Perspektiven – Fragen, Blickrichtungen, Erkenntnisinteressen – sind so selbstverständlich, daß die Gegenstände geisteswissenschaftlicher Forschung sie sozusagen mitbringen.

Mit dem zweiten Gedanken wird diese Sichtweise wieder relativiert. Dabei ist es für das Verständnis der Perspektivität geisteswissenschaftlicher Forschungsgegenstände nicht nötig, hier Entscheidungen im Sinne eines So-und-nicht-anders zu treffen. Es sind auch hier die verschiedenen Perspektiven, die eine Annäherung an ein vollständiges Bild der Sachlage ermöglichen. Auf der abstrakten Ebene dieser Untersuchung muß nämlich offen bleiben, was in konkreten geisteswissenschaftlichen Untersuchungen immer wieder Gegenstand der wissenschaftlichen Diskussion sein muß: ob es nämlich wirklich die Sachen selbst sind, die eine eigene Perspektivität ins Spiel bringen. Die Alternative dazu ist nicht schlicht der von Forschern maßgeblich gestaltete Forschungs- und Erkenntnisprozeß und insofern der geisteswissenschaftliche Forscher selbst, sondern das, was im bisherigen Verlauf von Sach- und Forschungsgeschichte an Fragestellungen und Erkenntnissen sich ergeben hat oder erarbeitet worden ist. Die Perspektivität der Gegenstände geisteswissenschaftlicher Forschung kann sich auch aus den geronnenen Zuschreibungen vergangener Zeiten ergeben. Was einmal in früherer Forschung als sinnvolle Fragestellung an einen Gegenstand herangetragen wurde, wird später – und zwar gerade weil die Fragestellung sich als sinnvoll erwiesen hat und immer noch erweist – dem Gegenstand selbst zugeschrieben. Die Perspektivität geisteswissenschaftlicher Gegenstände erweist sich in dieser Sichtweise genau genommen als sedimentierte Perspektivität vergangener Forschungsprozesse. Dabei ist diese Interpretationsmöglichkeit hier auch als Indiz für den generell schleichenden Übergang von Forschungsgegenstand und Gegenstandskonstitution einerseits und Forschungsprozeß andererseits zu werten. Die Historisierung von Perspektiven-Zuschreibungen findet mit offenem Ausgang statt. Für den Moment geht es vordringlich um die Seite der Forschungsgegenstände – auch für sie kann, vermittelt über Historisierungsprozesse der Gegenstände selbst oder der Forschung über sie, sinnvoll von Perspektivität gesprochen werden.

Welche Zuordnungsmöglichkeiten aus dem oben angesprochenen Frageraster ergeben sich damit? Die Perspektivität der Gegenstände geisteswissenschaftlicher Forschung ist ja zu differenzieren in Aspekte ihrer Entstehung (Genese) und ihrer Berechtigung (Geltung, Legitimität). Zur Frage der Entstehung kann auf die angesprochenen Prozesse der Sedimentation zeitlich vorgängiger Perspektiven und aus der Sache naheliegender Frage- und Forschungsperspektiven verwiesen werden. Die Geschichtlichkeit der Forschungsgegenstände wie die Ergebnisse der Geschichtlichkeit des geisteswissenschaftlichen Forschungsprozesses bieten Erklärungshintergründe für die Entstehung von Perspektiven auf der Gegenstandsebene. Und die Berechtigung der auf diese Weise gegebenen Perspektiven, was hat es mit dieser auf sich, mit der Legitimität der Perspektivität?

Zunächst einmal ergeben sich die jeweiligen Perspektiven schlicht historisch, sie sind so legitim und illegitim wie Fakten, (quasi) existent und damit Gegenstand der Auseinandersetzung in der geisteswissenschaftlichen Forschung. Von den Fragen, die aus der Sache kommen oder zu kommen scheinen, ist immer ein sinnvoller Ausgangspunkt zu nehmen. Dann aber geht es weiter; der Forschungsprozeß schreitet voran, und damit bricht sich die vorfindliche Perspektivität der geisteswissenschaftlichen Forschungsgegenstände an der Perspektivität neuer Fragestellungen anderer Forscher, die aus ihrer Zeit, ihren Interessen, ihren Eingebundenheiten heraus fragen und so zugleich alte Perspektiven in ihrer Berechtigung in Frage stellen. Alte Fragen werden durch neue ersetzt, vielleicht nicht vollständig, vielleicht nur modifiziert, aber es entstehen neue Perspektiven auf den Gegenstand, der damit selbst in anderem Licht erscheint oder ein anderer wird. Diese neuen Perspektiven sind grundsätzlich wie die alten geeignet, dem Gegenstand so eingeschrieben zu werden, daß sie mit ihm in der Wahrnehmung künftiger Forscher verschmelzen.

Die Legitimität einer Perspektive, einer Perspektivwahl ist und bleibt damit auch von der Gegenstandsseite notorisch heikel, denn die Gründe für bestimmte Fragen und Blickrichtungen wandeln sich in der Zeit. So gesehen ist es sinnvoll, aus dem Frageraster zur Perspektivität an dieser Stelle nicht nur die Seite der Perspektivität der Gegenstände hinsichtlich der Genese- und der Geltungsfrage anzusprechen, sondern darüber hinaus auch die Genese von Fragestellungen hinzuzunehmen. Sie kann historisch angegangen werden und hängt – ein Spezifikum der Geisteswissenschaften – auf das engste mit den Gegenständen zusammen. Dabei kommt es hier nur auf diese Art der Gewordenheit von Fragerichtungen quasi aus den Gegenständen an – direkt über die angesprochenen Wege der Frageperspektive unmittelbar aus der Sache oder indirekt als geronnene Zuschreibung älterer Forschungsprozesse. Ob und wie die Ergebnisse dieser Art der Entstehung von Perspektivität von den Fragestellungen her berechtigt und sinnvoll ist, soll jetzt im Rahmen der Ausführungen zur Perspektivität des Forschungsprozesses mit angesprochen werden.

Die Legitimität perspektivischer Beschränkungen

b) Aus dem Frageraster zur Kategorie Perspektivität sind bisher die Gegenstände mit Blick auf die Genese- und die Geltungsfrage sowie die Fragestellung hinsichtlich der Genesefrage angesprochen worden, so daß es für die Erörterung der kategorialen Perspektivität auf der Ebene der Forschungspraxis noch der Behandlung der Vorgehensweise mit Bezug auf die Genese- wie die Geltungsfrage und der Fragestellung bezüglich der Geltungsfrage bedarf. Anschließend ist die essentielle Bedeutung der Forschungspraxis sowohl für die Kategorie Perspektivität als auch für den Gesamtansatz des Perspektivismus herauszuarbeiten.

Für die Perspektivität der geisteswissenschaftlichen Forschungspraxis ist ein sinnvoller Zugang über die geisteswissenschaftlichen Vorgehensweisen, über ihre Methoden möglich. Mit ihnen werden vom Forscher Zugänge zum Gegenstand gelegt. Die Methoden legen damit Perspektiven, Fragerichtungen und Standards fest; sie beschränken so zugleich die möglichen Erkenntnisse über einen Gegenstand auf ihren Einsatzbereich. So wird durch den quellenkritischen Zugang in der Geschichtswissenschaft der potentielle Gegenstandsbereich eingeschränkt: Geschichtswissenschaftliche Aussagen bedürfen eines Beleges in historischen Quellen und sind daher nur bei einer hinreichenden Quellenlage möglich. Die Standards sind sogar so hoch, daß der solide Historiker lieber schweigt, als nicht belegte Aussagen zu treffen. Radikaler können methoden-bedingte Perspektivismen gar nicht wirken: Potentielle Gegenstandsbereiche werden aufgrund von perspektivischen Beschränkungen gar nicht erfaßt.

Begründet sind diese sehr speziellen Beschränkungen in allgemeinen wissenschaftlichen Standards, die intersubjektive Nachvollziehbarkeit zu einem maßgeblichen Kriterium für Wissenschaftlichkeit machen. Das, was in den Geisteswissenschaften überhaupt als Forschungspraxis anerkannt wird, was, um die Geltungsfrage aufzugreifen, als zu Zwecken intersubjektiv nachvollziehbarer Erkenntnis legitime Forschungspraxis gilt, das wird wesentlich durch die in den einzelnen Disziplinen unterschiedlichen Methoden definiert.

Es kann an dieser Stelle nicht um die Auseinandersetzung mit der wissenschaftlichen Dignität einzelner methodischer Ansätze innerhalb der verschiedenen Disziplinen gehen – auch darum wird natürlich in den Fachdiskussionen gerungen –, es kommt nur darauf an zu verstehen, daß in der Forschungspraxis methodisch vorgegebene Zugänge zum jeweiligen Gegenstandsbereich diesen zugleich erschließen wie auch immer in einer bestimmten Hinsicht und damit nur beschränkt erfassen. Diese Beschränkungen bedürfen vielleicht noch der näheren Erläuterung. Sie werden deutlich, wenn man sich die Konsequenzen der Methoden-Vielfalt in den (einzelnen wie den gesamten) Geisteswissenschaften vergegenwärtigt. Mit den unterschiedlichen Zugängen ergänzen sie sich einander in dem Sinn, daß erst verschiedene Methoden ein näherungsweise vollständiges Bild eines speziellen Gegenstandes ermöglichen. Für das Verständnis früher Hochkulturen sind beispielsweise die Interpretation schriftlicher Quellen ebenso von Bedeutung wie archäologische Befunde und naturwissenschaftliche Datierungsmethoden. Noch deutlicher wird die notwendige perspektivische Beschränkung, wenn man sich vergegenwärtigt, daß zu vielen Phänomenen auch andere als wissenschaftliche, also methodisch abgesicherte, Zugänge möglich sind. So werden beispielsweise gegenwärtig die Emotionen von einer Reihe von Disziplinen (wieder-)entdeckt. Der Zugang aus methodisch abgesicherter Perspektive muß dabei zwangsläufig ein anderer sein als der, den jemand im Moment der Empfindung eines Gefühls hat.

Die Legitimität des speziellen Zugangs aus einer eingeschränkten, aber methodisch abgesicherten Sicht ergibt sich insbesondere aus Erkenntnisinteressen – aber auch diese können natürlich hinterfragt werden. Doch selbst wenn wissenschaftliche Erkenntnisinteressen unterstellt werden, bleibt es dabei, daß verschiedene Methoden auch verschiedene Zugänge zum Gegenstand liefern und, die Gegenstandskonstitution in actu mit der geisteswissenschaftlichen Analyse mit gesetzt, den Gegenstand der Forschung in verschiedener Weise überhaupt als solchen bestimmen. In der geisteswissenschaftlichen Forschungspraxis mischen sich Fragen der Genese und der Geltung bestimmter Perspektiven, die sich aus bestimmten methodischen (Vor-)Entscheidungen und aus bestimmten Erkenntnisinteressen ergeben, häufig auf eine Weise, die eine Trennung nicht leicht macht: Was ein akzeptierter methodischer Zugang ist oder was als legitimes konkretes Erkenntnisinteresse gilt, bildet sich im Prozeß der einschlägigen Forschungsgeschichte heraus. Insofern sind perspektivische Entscheidungen forschungshistorisch fundiert, und die Genesefrage läßt sich über die Aufarbeitung der geschichtlichen Entwicklung der jeweils einschlägigen Wissenschaftsgebiete beantworten.

Auf der anderen Seite ist die forschungsgeschichtliche Entwicklung kein unbeeinflußbares Geschehen, sondern eine soziale Angelegenheit von Wissenschaftlern, die, wenn sie ihre Aufgabe ernst nehmen, gerade neue Zugänge suchen und in diesen Prozeß einbringen. Sie stellen – aus einer anderen Zeit heraus, angesichts neuer Problemlagen, vor dem Hintergrund aktueller Orientierungsdefizite – neue Fragen, wenden neue Methoden an und stellen damit, mal explizit, mal implizit, auch die Geltungs- oder Legitimitätsfrage: Sind die gewohnten Zugänge, sind die bekannten Frageperspektiven, sind die bewährten Methoden noch die richtigen?

Diese Fragen nach der Berechtigung, nach der Adäquatheit von Vorgehensweisen, wie sie sich im Forschungsprozeß ergeben, lassen sich auch auf die letzte noch offene Frage aus dem Frageraster zur Kategorie Perspektivität übertragen. Welche Fragestellungen sind aus welchen Gründen legitim? Was wollen wir warum wissen? Über die Verknüpfung der geisteswissenschaftlichen Forschung mit lebensweltlichen und -praktischen Orientierungsbedürfnissen ist dazu oben bereits ein Antwortversuch unternommen worden, aber auf die Antwort kommt es hier gar nicht an. Vielmehr ergibt sich schon aus dem Umstand, daß wir diese Fragen als sinnvoll und berechtigt akzeptieren, die Perspektivität geisteswissenschaftlicher Forschung, die es hier herauszustellen gilt. Wenn die angeführten Fragen prinzipiell offen sind, müssen verschiedene Antworten möglich sein – eben aus verschiedenen Perspektiven, motiviert aus unterschiedlichen Interessen.

Grundsätzlich sind also verschiedene Perspektiven bei den geisteswissenschaftlichen Fragestellungen möglich und sinnvoll. Legitimiert sind damit natürlich nicht alle faktischen oder denkbaren Perspektiven, erklärt und in diesem Sinn legitimiert ist damit nur die prinzipielle Multi-Perspektivität der geisteswissenschaftlichen Forschung. Den Sinn und die Berechtigung einer speziellen Fragestellung darzulegen, muß immer eine der Aufgabe der konkreten geisteswissenschaftlichen Forschungsarbeit bleiben; das ist mit diesen abstrakten Überlegungen gar nicht zu leisten. Im Rahmen der konkreten Untersuchung ist die Legitimation der Fragestellung aber unverzichtbar, ja die Art ihrer Erfüllung zumindest ein Qualitätskriterium für die Forschungsarbeit.

Hier liegen Überschneidungen mit der Kategorie Reflexivität vor, denn die Legitimation einer bestimmten Perspektive, aus welcher der Forschungsgegenstand angegangen wird, setzt eine reflektierende Distanznahme voraus. Sie zielt auf eine Argumentationsebene oberhalb der eigentlichen Untersuchung und ist gleichwohl notwendiger Bestandteil des Ganzen der geisteswissenschaftlichen Forschungsarbeit. Weil Perspektivität nicht etwas Nachträgliches oder aus einer vermeintlichen Außensicht an den jeweiligen Gegenstand Herangetragenes ist, sondern geisteswissenschaftliches Forschen in seinem Wesen betrifft, sind den geisteswissenschaftlichen Arbeiten grundsätzlich mehrere Argumentationsebenen eingeschrieben. Weil es immer und zwangsläufig eine Perspektive auf einen Gegenstand gibt, also eine spezifische Blickrichtung, eine (wie vage zunächst auch immer) gestellte Forschungsfrage, ein bestimmtes Erkenntnisinteresse, und damit auch immer andere Zugänge zumindest für den Moment verstellt werden, bedarf eine gewählte Perspektive grundsätzlich der Rechtfertigung, zumindest im Sinne einer Erläuterung, einer Motivation für die Weise des Zugangs auf den Gegenstand. Die Kategorien Reflexivität und Perspektivität wirken im Zusammenspiel so, daß geisteswissenschaftliche Forschungsarbeiten immer auf mehreren Ebenen stattfinden, mindestens auf zweien, meistens sind über Unterdifferenzierungen noch mehr angesprochen: Wenigstens die Ebenen des konkreten Gegenstandes und die des forschendes Zugangs zu ihm sind abstrakt zu unterscheiden; konkret kommen meistens auch Einschränkungen ins Spiel, die sich auf die Forschungsgeschichte, den aktuellen Diskussionsstand, methodische Zwänge, forschungspragmatische Überlegungen, begrenzte Zeit- und Finanzressourcen für die Forschungsarbeit, persönliche Präferenzen des Forschers, gesellschaftliche Normen oder rechtliche Beschränkungen beziehen.

Für die Bewertung der kategorialen Perspektivität der geisteswissenschaftlichen Forschung mit Blick auf den Forschungsprozeß muß an dieser Stelle festgehalten werden, daß Perspektivität ausnahmslos jeder geisteswissenschaftlichen Forschungsarbeit eigen ist – auch unabhängig davon, ob dieser Umstand ausdrücklich und in seinen Konsequenzen für die konkrete Untersuchung angesprochen wird. Dies mag angesichts mancher sachlich gebotener Relativierungen des Wirkungsbereichs anderer Kategorien ein im Vergleich sehr weit gehender Anspruch sein, doch dieser Anspruch soll an dieser Stelle tatsächlich erhoben werden. Die Perspektivität geisteswissenschaftlicher Forschung mit Blick auf die faktischen Forschungsprozesse macht so etwas wie den harten Kern der hier vorgestellten Überlegungen zu den geisteswissenschaftlichen Kategorien aus. Perspektivität auf dieser Ebene ist – immer noch sehr abstrakt gedacht und der Konkretisierung in den einzelnen geisteswissenschaftlichen Forschungsarbeiten bedürftig – das zentrale, wenn auch nicht das einzige Charakteristikum der Geisteswissenschaften. Die faktische Verschiedenheit der Zugänge zum Gegenstand, ob implizit oder explizit, ob historisch oder kulturell bedingt, ob individuell motiviert oder sozial eingebettet oder wie auch immer begründet, erklärbar oder differenziert, – die faktische Verschiedenheit der Zugänge zum Gegenstand als jeweils besonderem im Prozeß der Forschung, die als sich fortschreibende Forschungsgeschichte verstanden wird, zeichnet die Geisteswissenschaften aus. Perspektivität ist ihnen kategorial eingeschrieben, und Perspektivität läßt sich für jeden einzelnen Forschungsprozeß wie für seine durch diesen Prozeß hervorgebrachten Ergebnisse nachweisen.

Diese außergewöhnliche Reichweite der Kategorie Perspektivität rechtfertigt auch noch einmal den zu Beginn der Untersuchung vorgebrachten Vorschlag, den hier insgesamt vertretenen Ansatz zusammenfassend „Perspektivismus" zu nennen. Mit der Kategorie Perspektivität lassen sich fast alle anderen Kategorien umstandslos koppeln – aber das zu zeigen soll erst nach dem Durchgang durch alle Kategorien unternommen werden.

5. Verbalität

Bei der Kategorie Verbalität geht es um die sprachliche Verfaßtheit der geisteswissenschaftlichen Forschung. Große Teile der Gegenstände der Geisteswissenschaften sind selbst sprachlich verfaßt, und der Prozeß ihrer Erforschung und die Präsentation ihrer Ergebnisse finden im Medium der Sprache statt.

Sprachliche Verfaßtheit ist zunächst einmal von anderen medialen Zugängen zu trennen. Denkbar ist ein Zugang über Visualität, also gestaltete Bildlichkeit, und in der Tat entsteht gerade ein wissenschaftlicher Diskurs über deren Erkenntnispotentiale. Er kann als Kehrseite einer stark auf visuelle Metaphern setzende Erkenntnistheorie gelten, die das Licht der Erkenntnis zumeist in verbalisierter Form für ihre Erleuchtungen benötigte. Daß ein Diskurs über die epistemologischen Potentiale von Bildern und Abbildungen entsteht, weist aber schon darauf hin, daß der Rang einer Kategorie für die Geisteswissenschaften eher der Verbalität gebührt: Bilder sprechen nicht, und wenn sie zum Sprechen gebracht werden, dann im Medium der Sprache. Anders sieht das Verhältnis zu den formalen Ausdrucksweisen der Mathematik und der sich ihrer bedienenden Wissenschaften aus. Deren Formeln lassen sich als komprimierte sprachliche Ausdrücke verstehen: Sie bringen in hoch aggregierter Form Urteile über Sachverhalte zum Ausdruck und leisten dabei auf andere Weise, was auch in der Sprache geschieht: Sprache besteht aus Sätzen und damit aus Aussagen von etwas über etwas. Sprache, und insbesondere Sprache in den Geisteswissenschaften, bringt Urteile zum Ausdruck. Die Form des Urteils als Aussage von etwas über etwas ist zumindest für den Kulturkreis, dessen Sprachen mit Alphabeten niedergeschrieben werden können, grundlegend. Ob diese Form eine universelle Verwendung findet, also auch etwa im Chinesischen oder Japanischen mit ihren auf Zeichen beruhenden Aufschreibsystemen zu Grunde liegt, kann hier offen bleiben; die Frage kann aber zumindest nicht ohne weiteres verneint werden. Für die Behauptung des kategorialen Status der Verbalität als sprachlicher Verfaßtheit in Urteilsform gibt es auf jeden Fall genügend empirisches Belegmaterial. So sind große Teile der Geisteswissenschaften auf der Ebene der Forschungsgegenstände verfaßt, und so ist jene umfassende Forschungspraxis des eigenen Kulturkreises geprägt, die hier den primären Bezugspunkt darstellt.

Es ist eine schwierige Frage, ob der gerade hergestellte Bezug zur Schriftlichkeit von Sprache zwingend ist oder ob auch die Sprache als Sprechen für die Geisteswissenschaften als Kategorie wirkt. Wäre ersteres der Fall, käme als einschlägige Kategorie Literalität in Frage. Faktisch geht es im wesentlichen um schriftliche Dokumente – das gilt für den Forschungsprozeß noch mehr als für die Forschungsgegenstände. Auf der Gegenstandsebene kommen ja auch materielle Dinge in Betracht. Aber ein großer Teil der zu untersuchenden Gegenstände liegt in Sprachform und ein großer Teil von diesen wiederum in Schriftform vor, seien es historische Quellen, literarische Texte oder theoretische Abhandlungen. Gleichwohl wäre es ein Kurzschluß, geisteswissenschaftliche Forschung quasi definitorisch an die Schriftform zu binden: Mündliche Überlieferungen können sinnvolle geisteswissenschaftliche Forschungsgegenstände bilden; die „oral history" wird als Methode der Geschichtswissenschaft akzeptiert; das wissenschaftliche Gespräch in nicht-metaphorischer Bedeutung, als aktueller Disput, ist eine Form der Geisteswissenschaft. Von daher griffe Literalität als Kategorie zu kurz. Ich möchte dementsprechend Verbalität als geisteswissenschaftliche Kategorie weit verstanden wissen: Mündlichkeit wie Schriftlichkeit umfassend, sich allgemein auf sprachliche Verfaßheit beziehend.

Mit der Einführung von Verbalität als geisteswissenschaftlicher Kategorie soll nicht die Gesamtheit sprachlicher Äußerungen, weder mündlicher noch schriftlicher, den Geisteswissenschaften zugerechnet werden. Zwar ist ihr Gegenstandsbereich – dazu später mehr – prinzipiell universell, aber längst nicht alles wird faktisch von den Geisteswissenschaften untersucht oder wäre, im Sinne der Überlegungen zur Kategorie Spezifizität, eine Untersuchung wert. Entsprechend hat nicht alles, was sprachlich verfaßt ist, mit Geisteswissenschaft zu tun, vieles weder mit Geist noch mit Wissenschaft. Sprache ist ein universelles Medium, das für Begründungen und Argumentationen ebenso geeignet ist wie für den Ausdruck von Gefühlen, für Ausrufe wie für Aussagen, für Urteile wie für Beschimpfungen, für Präzision wie für Konfusion.

Der kategoriale Status von Verbalität für die Geisteswissenschaften fußt insofern auf einer Asymmetrie, als Sprache für das menschliche Selbstverständnis auch fern aller Geisteswissenschaft von zentraler Bedeutung ist. Zwar hilft Geisteswissenschaft auch und gerade beim Herausarbeiten solcher Einsichten – aber die Sache des Menschseins selbst hat so viel mit Sprache und sprachlicher Verfaßtheit zu tun, daß die Geisteswissenschaften nur einen kleinen – wenn auch wichtigen, weil eben auf Selbsterkenntnis zielenden – Teil davon ausmachen. Mehr als bei anderen Kategorien, mit der wichtigen Ausnahme der Reflexivität, ergibt sich bei der Verbalität, die ja zugleich auf Dialogizität gerichtet ist, eine Nähe zur menschlichen Selbstbestimmung, von der man eine Ahnung bekommt, wenn man den ganzen Reichtum der angesprochenen sprachlichen Ausdrucksmöglichkeiten bedenkt, der mit der Zahl der existierenden Sprachen noch potenziert wird.

Jetzt aber soll es um die Beziehung von Sprachlichkeit und den Geisteswissenschaften gehen, genauer: um die geisteswissenschaftliche Kategorie Verbalität mit Blick auf die Gegenstände (a) und den Prozeß der Forschung (b).

Die sprachliche Verfaßtheit der Forschungsgegenstände

a) Wie gesagt, nicht alle geisteswissenschaftlichen Forschungsgegenstände sind sprachlich verfaßt. Weil die geisteswissenschaftliche Reflexion und Deutung keine gegebenen Grenzen kennt, kann sie ihre Gegenstände prinzipiell auch in der Natur finden oder sich auf materielle Kulturgegenstände beziehen. Sie sieht dann die Natur oder Teile von ihr als Vorfindliches, Gegebenes aus einer menschlichen Perspektive an, das heißt: sie fragt nach Sinn, Erklärung, Bedeutung, für die individuelle Lebensführung genauso wie für das menschliche Selbst- und sein Weltverständnis insgesamt. Oder sie deutet Gegenstände der Alltagskultur und materielle Zeugnisse künstlerischen Schaffens vor dem Hintergrund bestimmter Fragen, ordnet sie in Sinnzusammenhänge ein, charakterisiert bestimmte Zeiten oder Phänomene.

Und doch sind viele Gegenstände der Geisteswissenschaft sprachlich verfaßt und von daher in der Lage, mit dem Forscher in einen Dialog zu treten. Sie sind selbst Texte, Aussagensysteme mit bestimmten ausdrücklich gemachten Intentionen, die sich zunächst auf anderes richten als die Auseinandersetzung mit geisteswissenschaftlichen Forschern als ihren Deutern. Schriftliche Quellen genauso wie Zeugnisse der Literatur, Liturgien wie Gesetzestexte, Dramen, Romane und Gedichte wie philosophische Abhandlungen stehen zunächst einmal für sich wie ein Stein in der Natur und harren einer Rezeption, die anders als dieser zwar auf Verständigung zielt, aber auf eine, die nicht der Elaboriertheit der Wissenschaft bedarf. Geisteswissenschaftliche Forschung steht in einem Kontinuum von Verständigungsprozessen, die ganz lebenspraktisch ihren Anfang nehmen, bei der schlichten wie berechtigten Frage nach dem Warum einer sprachlich verfaßten (schriftlichen) Äußerung. Sprachliche Äußerungen zielen auf einen Austausch. Texte sind für Leser gemacht; was aufgeschrieben ist, harrt der Rezeption. Das ist geisteswissenschaftlicher Forschung sozusagen vorgängig; sie kann so auch oft an erste Deutungen oder Vorverständnisse anknüpfen und muß sich mit diesen auseinandersetzen. Das unterscheidet die geisteswissenschaftliche Auseinandersetzung mit sprachlich verfaßten Äußerungen von der mit materiellen Gütern oder Forschungsgegenständen aus der Natur. Gleich ist in allen Fällen aber der eigene Zugang zum Forschungsgegenstand, eine Verfremdung insofern, als es eigene Fragen sind, die in der Forschung an den Gegenstand gerichtet werden.

Wer sich als Geisteswissenschaftler mit einem Gesetz aus dem römischen Recht auseinandersetzt, liest es nicht als diesem Unterworfener, um zu wissen, was ihm vorgeschrieben ist, sondern beispielsweise um darin Spuren von gesellschaftlichen Verhaltensmustern zu finden, die ihn als Kulturhistoriker interessieren. Zwar sind in sprachlich verfaßten Objekten der geisteswissenschaftlichen Forschung Intentionen und damit auch Zugänge für Rezipienten gegeben, aber damit ist die Frageperspektive des Forschers noch längst nicht vorgegeben, zumindest jedenfalls noch nicht erschöpft.

Die sprachlich verfaßten Forschungsgegenstände werden in der geisteswissenschaftlichen Forschung objektiviert, gegen den Strich ihrer Intentionen gelesen. Das gilt grundsätzlich für alle sprachlich verfaßten Zeugnisse, die Gegenstand der Forschung werden. Es gibt allerdings Teilbereiche dieser Zeugnisse, für die dies zwar auch zutrifft, die aber auch die Forschung sehr stark auf ihre eigene Intentionalität verpflichten – und zwar gerade, weil sie Orientierungsfragen im weitesten Sinn entweder direkt oder indirekt zum Thema machen. Das sind zum einen kanonische Texte und zum anderen fiktionale Texte und Erzählungen.

Mit den kanonischen Texten sind zum einen Grundtexte der Religionen, heilige Schriften, angesprochen und zum anderen aktuell gültige Gesetzestexte. In beiden Fällen läßt sich ihre sprachliche Verfaßtheit in der Regel auf die Schriftform festlegen. Der Grund dafür ist einfach: Weil ihre Inhalte als wichtig gelten, werden sie aufgeschrieben. Sie sollen auch in Einzelheiten so festgelegt sein, so fest es in der Sprache eben geht. Diese Festlegung verhindert einen Streit um ihre Form, sie soll es zumindest, sie eröffnet aber zugleich ganze Felder anderer Auseinandersetzungen: nämlich die um ihre Deutung. Es ist kein Zufall, daß gerade für heilige Schriften und Gesetze ganze Auslegungsfakultäten bestehen, die als sozialer Ausdruck der Relevanz der in den betreffenden Texten ausgedrückten Intentionen gelten können: Die Sache ist nämlich so wichtig, daß Heerscharen von spezialisierten Forschern benötigt werden. Diese Forscher, Theologen und Juristen, arbeiten zwar wie andere Geisteswissenschaftler auch, sie sind aber enger als diese an ihre Texte gebunden, eben weil sie diese aus ihrer eigenen Intention heraus erklären sollen. Von der Grundhaltung her – in der Praxis erlauben mancherlei Differenzierungen natürlich Abweichungen – sind sie auf die Intention der Texte festgelegt, die Gegenstand ihrer Auslegungen und Deutungen sind. Zwar sind dabei auch Weiterentwicklungen im Sinne dogmatischer Überlegungen, die Erarbeitung neuer Zugänge und Aktualisierungen möglich (und machen nicht selten den besonderen Forscherstolz der einschlägigen Wissenschaftler aus), aber diese bilden nicht den Hauptauftrag dieser Art von geisteswissenschaftlichen Forschern. Im übrigen profitiert natürlich die Auslegung des Gegenstandes enorm von dem Aufwand: Es dürfte nicht viele sprachliche Äußerung geben, die so intensiv gedeutet, erklärt und ausgelegt werden wie heilige Schriften und Gesetzestexte.

Ein wenig anders verhält es sich mit fiktionalen Texten. Sie sind deshalb besonders geeignet, auch im Rahmen ihrer Intentionalität gelesen zu werden, weil diese nicht offen zu Tage tritt. Romane, Dramen oder Gedichte sind auf Interpretation schon angelegt. Diese Kunstformen bringen (zumeist, denn es gibt ausdrückliche Gegenbeispiele; man denke an Aphorismen) anders als gute geisteswissenschaftliche Forschung nicht etwas auf den Punkt und zielen auf kognitive Aneignung, sondern stellen Problemlagen in einer gewissen Breite dar, bringen Gefühle und Empfindungen zum Ausdruck oder erfreuen durch gelungene formale Gestaltung. Sie analysieren nicht, sie erzählen, und wenn sie analysieren, dann erzählend. Sie erfordern von ihrer Anlage her einen besonderen Aufwand beim Verstehen. Sie behandeln oft ausdrücklich oder in künstlerischer Annäherung so schwierige und grundsätzliche Fragen menschlicher Existenz, daß es besonders mühevoll und im Erfolgsfall besonders ertragreich ist, sie interpretierend zu verstehen. In diesem Punkt sind fiktionale Texte und Sprachäußerungen mit anderen künstlerischen Zeugnissen vergleichbar. Auch Skulpturen, Bilder und Werke der Musik sind auf Auslegung hin angelegt. Und auch sie entwickeln eine eigene Logik, auf die sich ihr geisteswissenschaftlicher Erforscher einlassen kann. Er kann es und bekommt so einen wichtigen Zugang zu ihnen, aber er ist anders als Theologen oder Juristen nicht auf diesen Zugang über die Intentionalität des Gegenstandes der Untersuchung festgelegt.

Innerhalb der Wissenschaften, die sich mit der Deutung von Kunstwerken befassen, also insbesondere der Literatur-, Kunst und Musikwissenschaft, kommt es immer wieder zu Auseinandersetzungen darum, wie sehr Interpreten sich auf die Werke einlassen und ihrer Logik folgen oder Kontexte der Werke im Rahmen biographischer, sozialhistorischer, psychologischer und sonstiger Zugänge zur Interpretation heranziehen sollen. Diese wiederkehrenden Annäherungen und Distanzierungen vom zu interpretierenden Gegenstand will ich in der Sache gar nicht kommentieren. Daß es diese Bewegungen gibt, zeigt – und darum geht es hier –, daß es künstlerische Gegenstände der geisteswissenschaftlichen Forschung erlauben, sowohl gemäß ihrer eigenen, oft verborgenen Intentionalität erklärt zu werden, als auch Interpretationen zugänglich sind, die ihre Fragen von außen an sie herantragen. Dabei können die Außenperspektiven sowohl zur Erklärung der künstlerischen Binnenperspektive benutzt werden wie diese zugunsten eigener Zugänge gänzlich marginalisieren. Wenn das Pendel zugunsten der Intentionalität der (sprachlich verfaßten) Gegenstände ausschlägt, wenn in der literaturwissenschaftlichen oder ethnologischen Forschung etwa immanente Interpretationen oder dichte Beschreibungen gefordert und geleistet werden, dann werden Objekte künstlerischen Schaffens oder andere Forschungsgegenstände in dieser Hinsicht auch kanonischen Texten wie Gesetzen und heiligen Schriften vergleichbar.

Um noch einmal ausdrücklich auf die Verbalität der geisteswissenschaftlichen Forschungsgegenstände einzugehen, sollen die Fälle der kanonischen Texte und der fiktionalen sprachlichen Äußerungen jetzt gemeinsam mit anderen sprachlich verfaßten Äußerungen, insbesondere schriftlichen, betrachtet werden. Die kategoriale Verbalität großer Teile der geisteswissenschaftlichen Forschungsgegenstände sorgt für ein Eigenleben, das nicht-verbalisierten Forschungsgegenständen der Kunst, Musik und Natur so nicht zugeschrieben werden kann. Wenn bereits die Gegenstände der Forschung über ihre sprachliche Verfaßtheit in Urteils- und Aussageform gegeben und in einzelnen Teilen auf sozusagen dialogischen Austausch und wechselseitige Bezugnahmen hin angelegt sind, finden deutende Bezugnahmen auch ohne die Forschung bereits statt. Insbesondere komplexe Texte wie Gesetzeswerke, Romane oder theoretische Abhandlungen sind so voller Bezüge und Verweise, daß man davon sprechen kann, daß sie sich wenigstens teilweise selbst deuten – fern aller geisteswissenschaftlichen Forschung, die auch wesentlich analysiert, interpretiert und verständlich macht.

Die geisteswissenschaftliche Forschung tritt angesichts der Verbalität ihrer Gegenstände in diesen Prozeß der Deutung ein und setzt ihn fort. Die Forschung mischt sich in ein Gespräch ein, daß die Gegenstände schon begonnen haben. Nun muß man sich davor hüten, die geisteswissenschaftliche Forschung deshalb von ihrem Gegenstand usurpiert oder aufgesogen zu sehen. Dazu ist sie per se zu eigenständig, wie insbesondere ihre kategoriale Perspektivität und ihre kategoriale Reflexivität zeigen. Zwar ist das Medium der Sprache dem Gegenstand wie dem eigenen Zugang der Geisteswissenschaften eigen, aber dieses komplexe Medium erlaubt Differenzierungen, die sich die geisteswissenschaftliche Forschung zu nutze macht. Geisteswissenschaftliche Forschung ist immer auch eine sprachlich durchgeführte Distanznahme vom

Gegenstand, sie reflektiert ihre eigenen Perspektiven genauso wie das Gespräch mit dem Gegenstand, auf das sie sich einläßt, um diesen aus der Nähe zu sehen. Diese Überlegungen sind mit Blick auf die Verbalität des geisteswissenschaftlichen Forschungsprozesses und die Kategorie Reflexivität noch aufzugreifen.

Die sprachliche Verfaßtheit geisteswissenschaftlicher Forschungsgegenstände läßt diese darüber hinaus teilhaben an den Bezugsleistungen, welche Sprache über das ihr eigene Potential zur Gegenwartstranszendenz bietet. Zugleich sind damit wichtige Themen einer ganzen Reihe geisteswissenschaftlicher Disziplinen und ihrer Forschungsarbeiten angesprochen. Sprache ermöglicht nämlich kulturelle Identitätsstiftung über Referenzen auf Traditionen genauso wie den Entwurf von Zukunft über die Formulierung von Wünschen und die Abwägung von Möglichkeiten auf der individuellen wie der gesellschaftlichen Ebene.

Sprache ist das Medium, in dem die alltäglichen wie intellektuellen Erfahrungen ganzer Generationen weitergegeben werden, und diese Funktion der Bewahrung und aktualisierenden Aneignung ist eine wesentliche Aufgabe der Geisteswissenschaften. Weil Erfahrungen und Wissen älterer Menschengenerationen sprachlich verfaßt aufbewahrt werden können, sind wir nicht darauf angewiesen, sie selbst zu machen und es selbst zu erarbeiten. Das hat eminente lebenspraktische Auswirkungen. Ohne Sprache oder Schriftsysteme ist fast nichts denkbar, was wir als spezifisch menschliche Kulturleistung wertschätzen, das koordinierte Vorgehen früher Jäger so wenig wie Shakespeares Dramen, Pyramidenbau so wenig wie die Errichtung von Staatswesen, Mondflüge so wenig wie der Transzendenzbezug in den Religionen. Auch Zukunftsgestaltung ist auf Sprache angewiesen: Sie ist das Medium, in dem gesagt und geschrieben werden kann, was sein soll. Auch daß dem Menschen als Charakteristikum des Menschseins die Fähigkeit zum Planen, zur Gestaltung des Künftigen zugeschrieben werden kann, verdankt sich seiner Fähigkeit zur Sprache, zum mündlichen und schriftlichen Ausdruck. Vieles, was die Gegenwart überschreitet, auch vieles, was als Religiosität das Menschsein über Kulturgrenzen hinweg auszumachen scheint, bedient sich der Sprache. Sie erlaubt es, Gegenwärtigkeit in verschiedene Richtungen zu transzendieren, ermöglicht Erzählungen vom Anfang der Welt wie Prophezeiungen über die Zukunft.

Die Geisteswissenschaften sind zentral an sprachlich verfaßten Kulturleistungen beteiligt. Sie sind wissenschaftsgeschichtlich unter diesem Namen erst spät, vor nicht einmal zweihundert Jahren, auf den Plan getreten und die Folge der unvergleichlichen Ausdifferenzierung des Wissens und der Wissenschaften in der Neuzeit. Was sie leisten – Interpretieren, Analysieren, Verständlich-Machen, Orientieren – ist aber ein altes Geschäft, mindestens so alt wie die Sprache selbst. Die Geisteswissenschaften haben für das menschliche Selbstverständnis heute eine zentrale Rolle, weil sie in der gesellschaftlichen Arbeitsteilung sozusagen zuständig sind für die komplizierten Fälle sprachlicher Verfaßtheit von Gegenständen von allgemeinem oder speziellem Interesse. Wo Verständnis schwierig wird, da sind die Geisteswissenschaften gefragt – und da, wo es uns für unser individuelles wie gesellschaftliches Leben besonders wichtig ist.

Aus der kategorialen Verbalität der Gegenstände der Geisteswissenschaft ergeben sich, das kann für die abstrakten Überlegungen hier als Ergebnis festgehalten werden, für konkrete Forschungsarbeiten viele Anknüpfungspunkte: Die sprachlich verfaßten Aussagen laden zur Interpretation geradezu ein, und für viele Fragen sollten wir diese Einladung gerade deshalb annehmen, weil sie auf lebenspraktische Orientierung zielen.

Forschung im Medium der Sprache

b) Auch die geisteswissenschaftliche Forschung ist sprachlich verfaßt – unabhängig davon, ob ihr Gegenstand es ist. Sie formuliert Aussagen über ihre Gegenstände, um so Erkenntnisse über diese zum Ausdruck zu bringen. Sie urteilt über die Gegenstände, beschreibt ihre Eigenschaften, charakterisiert sie, unterscheidet Wichtiges von Unwichtigem, stellt Bezüge zu lebenspraktischen Fragen und anderen Forschungsgegenständen durch Referenzen und Vergleiche her. All das geschieht unter Inanspruchnahme vornehmlich der kognitiven Funktion von Sprache. Geisteswissenschaft als sprachlich verfaßte Wissenschaft ist weniger auf die Ausdrucksfunktion von Sprache bedacht, die etwa für lyrisches Sprechen wichtig ist, als auf den Beitrag, der in der Urteilsförmigkeit für die Erkenntnisstiftung liegt. Es wird eben etwas über etwas ausgesagt, etwa: einem Ding eine Eigenschaft zugesprochen, einem Sachverhalt eine Deutung beigegeben, einem Geschehen ein Bündel von Voraussetzungen zugeordnet, einem Kunstwerk eine Interpretation.

Diese Beispiele zeigen schon, daß die Verbalität der geisteswissenschaftlichen Forschung sich auf ganz verschiedenen Ebenen realisieren kann, verschiedenen Aggregatzuständen sozusagen, die von der Größe des jeweiligen Gegenstandes abhängen. Eine Interpretation ist in der Regel umfassender als eine Eigenschaftszuordnung innerhalb eines Satzes. Weil einfache Aussagen nach dem Muster „x ist ein a“ selten ausreichen, um die komplexen Gegenstände (oder einfache Gegenstände in ihrer Komplexität) zu verstehen, findet die geisteswissenschaftliche Forschung so gut wie immer in Satz- und Aussagengefügen, in Texten statt, die viele wechselseitige Bezüge innerhalb des jeweiligen Textes wie auf andere Texte als Resultate anderer einschlägiger Untersuchungen aufweisen. Die sprachliche Verfaßtheit geisteswissenschaftlicher Forschung sorgt für Bezugnahmen in verschiedene Richtungen. Weil Sprache auf Austausch, Dialog, Mitteilung angelegt ist, ist geisteswissenschaftliche Forschungsarbeit wesentlich eine Kommunikationsleistung. Dabei geht es um die oben angesprochene Kommunikation mit ihren Gegenständen wie um die Kommunikation innerhalb der Gemeinschaft der jeweiligen Fachkolleginnen und -kollegen und um die Kommunikation mit einer außerwissenschaftlichen Öffentlichkeit. Diese drei Bereiche kommen der Reihe nach zur Sprache.

Für die sprachlich verfaßte, auf Erkenntnisgewinn gerichtete Auseinandersetzung mit ihren Gegenständen sei ein spezielles Beispiel gewählt, das oben noch nicht ausdrücklich thematisiert worden ist: die Auseinandersetzung mit Theorien, wie sie etwa in der Philosophie einen Großteil der Forschungsarbeit ausmacht. In einer solchen Auseinandersetzung ist die Nähe zwischen Gegenstand und Forschungsarbeit so groß, daß die Forschungsarbeit in gewisser Hinsicht selbstreferentiell wird: insofern nämlich, als die Theorie, die ein Forscher untersucht, einen Erklärungsanspruch beinhaltet, der mit dem der Theorie des Forschers konkurriert, weil sich die Theorie wie die Theorie über die Theorie, die der Forscher erarbeitet, partiell auf denselben konkreten Gegenstand beziehen. Solche komplizierten Verschachtelungen auf dem Weg zur Gegenstandserkenntnis sind (nur?) im Medium der Sprache möglich.

In der abstrakten Schilderung mag sich das komplizierter anhören, als es am Beispiel erscheint: Wenn sich etwa ein Philosoph mit Platons Höhlengleichnis beschäftigt, um herauszubekommen, inwieweit wir den Dingen, die wir sehen, Realität zuschreiben können, dann forscht er zugleich über das, was Platon dazu meinte, wie darüber, was es mit dem realen Sein der Dinge, die wir sehen, auf sich hat – indem er mit eigenen Argumenten prüft, ob Platon recht hatte. Das Problem der komplexen Bezugnahmen, die insbesondere die sprachliche Verfaßtheit geisteswissenschaftlicher Forschungsgegenstände ermöglicht, wirkt sich bis in den ebenfalls sprachlich verfaßten Forschungsprozeß hinein aus: In der konkreten Forschungsarbeit, die Theorien zum Gegenstand hat, können verschiedene Aussagensysteme zusammenwirken: solche über die gegenständlichen Theorien, solche über die Gegenstände der gegenständlichen Theorien und solche, die (Konkurrenz-)Theorien über die Gegenstände der gegenständlichen Theorien mit diesen vergleichend in Beziehung setzen. Hier kommen historische Rekonstruktions- mit systematischen Legitimations- und wissenschaftstheoretischen Erkenntnisinteressen zusammen.

So kompliziert kann sich ein Erkenntnisgeflecht in der geisteswissenschaftlichen Forschung darstellen. Dabei ist es die sprachliche Verfassung, welche eine (einigermaßen) klare Trennung der Bezugsebenen über ihre ausdrückliche Markierung ermöglicht. Sie macht es beispielsweise relativ leicht, Metatheorien als Theorien über Theorien von einfachen Theorien zu trennen. Die Komplexität des Beispiels lebt ja insbesondere davon, daß als Gegenstand der Untersuchung selbst schon eine Theorie gesetzt wurde, dieser also schon ein Ergebnis vorheriger Erkenntnisbemühungen darstellt. Das aber erscheint mit Blick auf die tatsächlichen Gegenstände der geisteswissenschaftlichen Forschung berechtigt, denn Theorien, seien es einfache aus der Lebenswelt oder komplexere aus der älteren Forschung, spielen im konkreten Forschungsprozeß fast immer eine gewisse Rolle, mal eine kleinere, mal ein größere. Innerhalb der Philosophie, der das Beispiel entstammte, ist es meistens eine größere Rolle; diese Wissenschaft bezieht ihre Gegenstände in einem wohl unvergleichlichen Maße aus der Gegenstandsklasse der Theorien. Das hängt mit der Sonderrolle zusammen, die eine ausdrückliche Reflexionswissenschaft im Gefüge der Wissenschaften insgesamt einnimmt. Sie denkt als Grundlagenwissenschaft auch da weiter und verunsichert entsprechend, wo andere Wissenschaften ihren festen Grund sehen. Dennoch sind ihre Reflexionspotentiale grundsätzlich allen Geisteswissenschaften zugänglich (und werden auch teilweise genutzt), weil diese nämlich wie die größten Teile der Philosophie sprachlich verfaßt sind. Die Fähigkeit zur Bezugnahme auf komplexe Aussagensysteme mit unterschiedlichen Ebenen hängt also an der kategorialen Verbalität des Forschungsprozesses in den Geisteswissenschaften.

Die oben angesprochene Fähigkeit zur Distanznahme, die über die sprachliche Verfaßtheit geisteswissenschaftlicher Forschungsgegenstände gegeben ist, und die damit einher gehende Möglichkeit zur Reflexion auf die Perspektivität von Forschungsprozeß und -gegenstand steigert sich um so mehr, je theoretischer und abstrakter die Forschung selbst wird. Theorien bedeuten immer weite Entfernungen zum Gegenstand. Und da Sprache wie geschildert außerordentlich theoriefähig ist, wohnt ihr auch ein Potential zu sehr großer Distanznahme vom Gegenstand inne. Ob das Potential ausgeschöpft wird, hängt dabei von den spezifischen Fragestellungen und Erkenntnisinteressen ab. Über die Qualität einer geisteswissenschaftlichen Untersuchung ist damit per se jedenfalls nichts gesagt; sowohl theoriestarke wie faktenreiche empirische Arbeiten haben ihr Recht.

Die von den geisteswissenschaftlichen Forschern geforderten Kommunikationsleistungen richten sich bezüglich der Fachkollegen insbesondere auf Präzision. Die jeweilige Gemeinschaft der Forscherinnen und Forscher, die „scientific community“, ist der erste Adressat der Forschungsergebnisse und spielt hinsichtlich der Qualitätssicherung schon im Prozeß der Forschung eine wichtige Rolle. Die Fachkollegen urteilen über die Bedeutung und die Qualität der Ergebnisse, und die Antizipation ihres strengen Urteils legt die Maßstäbe schon während der Forschungsarbeit hoch. Qualität bezieht sich dabei wesentlich auf eine präzise Darstellung, und weil die Forschungsarbeit im Prozeß wie im Resultat sprachlich verfaßt ist, heißt das: auf eine präzise sprachliche Darstellung. Gemeint sind damit im einzelnen: begriffliche Klarheit, eindeutige Definitionen, sachangemessene Beschreibungen; eine klare Strukturierung der Darstellung, eine umfassende Schilderung aller wichtiger Details, eine nachvollziehbare Argumentation, ein widerspruchsfreies Aussagensystem; das eindeutige Kenntlich-Machen von Bezügen und Querverweisen. Verständlichkeit als Voraussetzung von gelingenden Kommunikationsleistungen unter einschlägig arbeitenden gei-steswissenschaftlichen Forschern bezieht sich in diesen Dimensionen wesentlich auf Exaktheit in der Darstellung und darüber hinaus auf sprachliche Angemessenheit in bezug auf den Gegenstand.

Anders sind die Anforderungen mit Blick auf eine angemessene Kommunikation in die Richtung der außerwissenschaftlichen Öffentlichkeit, wobei mit der außerwissenschaftlichen Öffentlichkeit diejenige außerhalb des einschlägigen Fachgebietes gemeint ist, also auch andere, fachfremde Wissenschaftler umfaßt. Verständlichkeit hängt hier wesentlich mit Einfachheit im Sinne einer angemessenen Komplexitätsreduktion zusammen. Dabei bezieht sich Angemessenheit auf das Spannungsverhältnis von sachgemäßer Darstellung und Adressatenorientierung. Letztere hat insofern einen höheren Stellenwert als bei der Kommunikation innerhalb der jeweiligen geisteswissenschaftlichen Fachgemeinschaft, als von deutlich weniger geteiltem Hintergrundwissen ausgegangen werden muß. Zugleich können bei den Adressaten oftmals weniger Zeitressourcen beansprucht werden. Einfachheit, die auf Verständlichkeit zielt, muß daher mit Alltagssprache, kurzen Sätzen, bildreichen Erklärungen und Beispielen arbeiten. Und sie muß auch im Sprachstil Offenheit für (forschungs-)politische Legitimationsfragen signalisieren, sich also maßvoll auf gängige Rechtfertigungsmuster eines bestimmten Typs, heute zumeist aus dem semantischen Umfeld der Ökonomie, einlassen, ohne allerdings die ganze Darstellung zu prägen. Dies letzte Erfordernis zeigt zugleich exemplarisch die Wechselwirkungen zwischen Geisteswissenschaften und Gesellschaft, die sich auch in einer theoretisch wichtigeren Hinsicht ergeben: Die bereits oft angesprochenen Orientierungsleistungen der Geisteswissenschaft in die Gesellschaft hinein – Identitätsfragen und Zukunftsgestaltung, Fragen der gesellschaftlichen Ordnung wie die individuellen Lebens betreffend – können diese nur erbringen, wenn sie verständlich sind und deshalb auch Gehör finden. Die kategorial sprachlich verfaßten Geisteswissenschaften haben darüber hinaus beim Ringen um eine gemeinsame Sprache, das mit Auseinandersetzungen zwischen einzelnen Wissenschaften sowie zwischen diesen und einer breiteren Öffentlichkeit einher geht, einen gewichtigen Part zu übernehmen – eine Aufgabe, die auch von vielen Geisteswissenschaftlern gesehen und akzeptiert wird.

Die Verbalität des geisteswissenschaftlichen Forschungsprozesses – das ist das Entscheidende für die hiesigen Zwecke – erlaubt es, all diesen sehr unterschiedlichen Kommunikationsanforderungen Genüge zu tun. Geisteswissenschaftliche Forschung hat die Chance, sehr differenziert und sehr gut an wechselnde situative Erfordernisse angepaßt ihre Forschungsleistungen in sprachlich verfaßten Prozessen des Gewinnens von Erkenntnissen zu erbringen und sie in Darstellungen für verschiedene Adressatengruppen umzumünzen. Die kategoriale Verbalität des geisteswissenschaftlichen Forschungsprozesses ist dabei Chance und Verpflichtung zugleich: Zu groß ist insbesondere die Gefahr, die außerfachliche Öffentlichkeit beim selbstgenügsamen Kreisen in Fachdiskursen in Vergessenheit geraten zu lassen. Und in der Konsequenz geriete die geisteswissenschaftliche Forschung nicht nur unter forschungs-, finanz- und gesellschaftspolitischen Legitimationsdruck, sondern stellte sich gewissermaßen auch theoretisch selbst in Frage. Denn die kategoriale Verbalität der geisteswissenschaftlichen Forschung, mehr noch im Prozeß und in der Ergebnispräsentation als hinsichtlich ihrer Gegenstände, bedeutet eben auch, daß sie kommunikativ verfaßt ist, daß der sprachlich geformte und auf Verständigung zielende Austausch zu ihren Wesenselementen gehört, die nicht in Frage gestellt werden können, ohne geisteswissenschaftliches Arbeiten insgesamt zu gefährden.

6. Reflexivität

In der Kategorie der Reflexivität kommt die geisteswissenschaftliche Forschung sozusagen zu sich selbst. Sie abstrahiert von ihrem Gegenstand und bezieht sich auf ihr eigenes Tun. Das ist zum einen die konkrete geisteswissenschaftliche Forschungsarbeit selbst: das Zusammenstellen, das Darlegen, das Erläutern, das Verständlichmachen, das Analysieren, das Interpretieren, das Bewerten. Und es wird zum anderen die Art und Weise des Forschens zum Gegenstand. So geht es um das Bewerten, Analysieren und Interpretieren der eigenen Arbeit, also des Zusammenstellens, Darlegens, Interpretierens usw. – sowohl hinsichtlich seines Gegenstandes wie in Betrachtung der Vorgehensweise und des Methodeneinsatzes. Das Deuten zu deuten gehört zum Arbeitsprozeß und der Forschungsleistung dazu. In der Kategorie der Reflexivität wird eine Selbstbezüglichkeit kultiviert, die nicht hermetischer Nabelschau dient, sondern Anknüpfungspunkte für Verstehensleistungen der Rezipienten geisteswissenschaftlicher Forschungsleistungen bietet. Denen wird vor der eigentlichen Arbeit das Warum der Fragestellung und der methodische Zugang genauso erläutert wie die Beschränkungen es werden, die sich daraus ergeben. Die Perspektiven der konkreten Forschung werden ausdrücklich gemacht, es wird auf das reflektiert, was der eigentlichen Arbeit vorausgeht.

Die Kategorie Reflexivität erweist sich dabei selbst als sehr komplex. Unterschieden werden können zum einen, ganz abstrakt, das Rekurrieren auf die geisteswissenschaftliche Arbeit und zum anderen die konkrete Form des Rekurrierens, nämlich das Verständlich-Machen, Interpretieren usw. Wie sich Reflexivität äußert, unterliegt einer großen Variationsbreite, die vom einfachen Hinweis auf methodische Beschränkungen – „dazu finden sich keine Quellen“ – bis zu eingehenden Erläuterungen des eigenen Zugangs reichen: „Die Analyse fußt auf der Theorie von X zum Thema Y und möchte sie anhand der folgenden Untersuchungen mit Blick auf das Ziel Z in verschiedenen Punkten kritisch weiterentwickeln. Dazu wird... .“ Reflexiv bleibt in solchen Äußerungen sowohl der Gegenstand als auch das eigene Forschen in seinen Bedingungen und Beschränkungen im Blick. Generell können verschiedene Stufen von Reflexivität unterschieden werden – ohne daß dies allerdings für die grundlegenden Überlegungen zur geisteswissenschaftlichen Kategorie Reflexivität sehr weit führt. Es kann punktuell auch um das Interpretieren des Interpretierens des Interpretierens gehen, aber schon eine solche zweistufige Reflexivität kommt schnell an Sinngrenzen: Man sollte schon um der Verständlichkeit willen nicht allzu oft beispielsweise über die einfache interpretierende Einordnung des eigenen Zugangs zum Gegenstand hinaus auch noch dieses interpretierende Einordnen seinerseits situieren oder erklären.

Im Prinzip lassen sich reflexive Bezüge fast endlos herstellen, und vereinzelt kann es auch sinnvoll sein, Erläuterungen bezüglich verschiedener Bezugsebenen zu unterscheiden. Grundlegend für ein angemessenes Verständnis der Kategorie der Reflexivität ist aber der schlichte Gedanke der Selbstbezüglichkeit, der Gedanke der sinnbezogenen Rekursivität. Reflexivität ist die Form, in der sich gute geisteswissenschaftliche Forschung beispielsweise ihrer historischen Einbettung versichert und ihrer perspektivischen Beschränkung gewahr wird. Reflexivität ist auch deshalb von kategorialer Bedeutung für die Geisteswissenschaften, weil ihre Relevanz für diese Wissenschaften so ungleich größer ist als etwa für Naturwissenschaften oder außerwissenschaftliche Lebenszugänge. Auch dort spielt Reflexivität eine Rolle. Aber anders als dort wird die Reflexivität in der geisteswissenschaftlichen Forschung sehr ausdrücklich und muß teilweise im Prozeß der Forschung errungen werden. Streng gegenstandsbezogene Zugangsweisen natur- und außerwissenschaftlicher Art sehen einen großen Teil des Ringens zum Beispiel um die eigene Einordnung gar nicht als ihre Aufgabe an; „eigentlich" in diesem Verständnis ist nur der jeweilige (Forschungs-)Gegenstand. Und dabei kommt es zu einem Reflexionsverlust, etwa mit Blick auf Sinnfragen, zu Lasten oder zu Gunsten – das bleibe hier offen – ausgerechnet der Geisteswissenschaften, die hier kompensierend und in universeller Zuständigkeit Reflexionsleistungen erbringen dürfen, sollen und können, die einen engen Rahmen vermeintlich ausschließlicher Zuständigkeit für Sprache, Denken und Kultur überschreiten.

Reflexivität als Kategorie geisteswissenschaftlicher Forschung impliziert eine Distanzierung vom Gegenstand, die in sehr unterschiedlicher Weise vonstatten gehen kann. Auch in den Geisteswissenschaften kann sie sozusagen vorweg erledigt werden. Explizierte theoretische Zugänge sind den Anordnungen von Experimenten vergleichbar; es werden Bedingungen genannt und festgeschrieben, unter denen die folgende Gegenstandswahrnehmung stattfindet. Möglich ist aber auch die ständige Erinnerung in der fortschreitenden Analyse in einer geisteswissenschaftlichen Forschungsarbeit. Gerade ungewöhnliche, innovative Zugänge werden der Erinnerung wie der beständigen Weiterentwicklung bedürfen. In einem gewissen Sinn kann die kategoriale Reflexivität der Geisteswissenschaften auch als ihre Methode bezeichnet werden. Als Form der Distanzierung, die die Voraussetzung für alle ausdrücklich gemachten Zugänge zum Gegenstand ist, ist Reflexivität unverzichtbar für geisteswissenschaftliche Forschung.

Gegenstände und Methoden im eingeführten Sinn lassen sich für die Geisteswissenschaften ja gar nicht leicht trennen. Ein Grund dafür liegt darin, daß sich die konkrete Reflexion schlecht als Aufgabe abstrakt beschreiben läßt – sie findet statt oder nicht, und wenn sie stattfindet, dann immer in der konkreten Form eines schon gegenstandsbezogenen Gedankens, in dessen Distanznahme zugleich immer ein Bezug zum aktuell Distanzierten bleibt. Zugespitzt läßt sich festhalten: Das Reflektieren ist die Generalmethode der Geisteswissenschaften. Alle geisteswissenschaftliche Forschung reflektiert – Reflexivität hat den Status einer geisteswissenschaftlichen Kategorie.

Was bedeutet das für den Gegenstandsbezug der Geisteswissenschaften (a) und für den geisteswissenschaftlichen Forschungsprozeß (b)?

Die Selbstreflexion der Gegenstände

a) Die Gegenstände der Geisteswissenschaften sind teilweise selbst reflexiv verfaßt. Das heißt im einzelnen, daß die Kategorie der Reflexivität nur für Teile des geisteswissenschaftlichen Gegenstandsbereichs in Anspruch genommen werden kann – wenn auch für gewichtige Teile; und das heißt, daß dort, wo die kategoriale Reflexivität bereits auf der Gegenstandsebene eine Rolle spielt, diese Rolle nicht immer klar definiert ist – die Gegenstände der geisteswissenschaftlichen Forschung erreichen Reflexivität in unterschiedlichem Ausmaß. Das Reflektieren kann generell in unterschiedlicher Radikalität durchgeführt werden. Die Formen der Selbstbezüglichkeit reichen von gegenstandsnahen Ordnungs- und Darstellungsfragen über Einordnungen in umfassende wissenschaftliche oder außerwissenschaftliche Diskussionszusammenhänge bis hin zu fundamentalen Sinnfragen und anthropologischen Grundbestimmungen, zu denen der konkrete Gegenstand der Anlaß ist. Auch existenzielle Fragen selbst gehören zum Gegenstandsbereich der Geisteswissenschaften.

Sprache ist das Medium der Reflexion: Sie ermöglicht auf unvergleichlich leichte und verständliche Weise die Bezugnahme auf verschiedene Ebenen von der unmittelbaren Gegenstandspräsentation bis zum Verknüpfen mit Hintergrundinformationen und dem Abwägen von wissenschaftlichen Zugangsweisen.

Und all das – was in eleborierter Reflexionsform selbst schon Wissenschaft darstellt – kann wie erwähnt seinerseits Gegenstand der geisteswissenschaftlichen Forschung werden. Denn diese ist ja Teil eines Diskussionsprozesses, in dem die Auseinandersetzung mit den Reflexionen aus anderen, lang vergangenen oder auch sehr kurz zurückliegenden Zeiten gesucht wird. Welche Tiefe, welche Breite an Reflexion als wissenschaftlich gilt, etwa weil die Perspektivität des eigenen Zugangs besonders einleuchtend erläutert oder der Gegenstand in einer alles Bisherige überbietenden Detailfülle präsentiert wird, das ist in Wahrheit schwerer zu begründen, als es die Geisteswissenschaften um ihrer Selbstbehauptung im Wissenschaftssystem willen zugeben (sollten).

Das Reflexionspotential der Geisteswissenschaften ist eng an ihre kategoriale Verbalität, an ihre Sprachlichkeit, gebunden. Mit dieser Einsicht im Rücken wird deutlich, wie sich die Beschränkung der kategorialen Reflexivität auf Teile der geisteswissenschaftlichen Gegenstände erklären läßt: Es sind insbesondere die sprachlich verfaßten Gegenstände der Geisteswissenschaften, denen bereits ihrerseits eine wenn auch in unterschiedlichem Ausmaß realisierte Reflexivität zugesprochen werden kann. Das unterscheidet diesen Teil des geisteswissenschaftlichen Gegenstandsbereichs von dem etwa der materiellen Kultur. Aber auch hier ist sinnvollerweise mit Übergängen zu rechen: Erinnert sei exemplarisch an Zeichen, die als Vorformen der (Alphabet-) Schrift gesehen werden. Ihr Potential zur reflexiven Theoriebildung ist einerseits sicherlich begrenzt, andererseits erlauben Sie in bestimmten Ausprägungen Bezugnahmen untereinander, die über eine unmittelbare Gegenstandsabbildung hinausgehen und sozusagen erste reflexive Schritte ermöglichen. Bilder oder Gegenstände der Alltagskultur früher Kulturen bedürfen der sprachlichen oder zumindest sprachlich vermittelten Darstellung, um schon als Gegenstände reflexiv verfaßt sein zu können (Eine sprachliche Darstellung ist etwa eine Beschreibung; eine sprachliche Vermittlung, die Reflexivität stiften könnte, ist beispielsweise die Aufforderung: „Vergleichen wir diese beiden Funde“ neben einer photographischen Gegenüberstellung.)

Dabei bleibt es, analog zu Schwierigkeiten bei anderen Kategorien, schwer, den Gegenstand der geisteswissenschaftlichen Forschung so klar vom Forschen als Beschreiben und Darstellen zu trennen, wie dies aus analytischen Gründen theoretisch wünschenswert wäre. Ob die sprachliche Verfaßtheit geisteswissenschaftlicher Gegenstände eine wie rudimentär auch immer ausgeprägte Reflexivität mit sich bringt und ob der Klasse der sprachlich verfaßten geisteswissenschaftlichen Forschungsgegenständen überhaupt grundsätzlich ein Reflexions- und damit Reflexivitätspotential eigen ist – das sind Fragen, die sich so abstrakt gestellt nicht leicht beantworten lassen. Man denke etwa an die Grenzfälle früher mythischer Erzählungen, die in sehr unmittelbarer Weise ihre (Welt-)Geschichte darlegen.

Es wäre selbst eine hochinteressante Fragestellung einer geisteswissenschaftlichen Forschungsarbeit, wie die Reflexionspotentiale entstanden sind, die der Sprache innewohnen. Welche Rolle spielen Mündlichkeit und Schriftlichkeit? Welche Potentiale hatten die Kommunikationsformen der frühen Menschen, welche wohnen gar denen von Tieren inne? Welcher besondere Impuls geht von der Schriftform aus? Auch die Fragen nach den Reflexionsmöglichkeiten von Bildzeugnissen und von Sprachen, die mit Schriftzeichen arbeiten, wären in diesem Zusammenhang von hohem Interesse. Die Abbildung von Abbildungen und vom Abbilden – ein Maler malt, wie (und was) er malt – das sind reflexive Zugänge in einem anderen als dem Medium der Sprache. Trotzdem scheinen die Darstellungsmöglichkeiten von Selbstbezugnahmen, wie sie die Sprache ermöglicht, vielfältiger zu sein; mit jedem Reflexionsschritt können auch neue Perspektivierungen verbunden werden, lassen sich Zugänge erläutern und selbst deuten.

Die Kategorie der Reflexivität, soviel sollte hier erläutert werden, ist eng an die Bezugnahmen, Selbstbezugnahmen und Distanzierungen gekoppelt, die über die Sprache möglich sind, – und diese Bezugnahmen und Distanzierungen finden sich bereits auf der Gegenstandsebene der geisteswissenschaftlichen Forschung. Damit wird der Gegenstand der Geisteswissenschaft unglaublich komplex. Eine der größten Schwierigkeiten der geisteswissenschaftlichen Forschung besteht genau darin: daß bereits ihr Gegenstand reflexiv verfaßt ist. Das macht seine wissenschaftliche Aufarbeitung im Vergleich mit Wissenschaften, die einfach zeigen, was und wie etwas ist – unabhängig von menschlichen Einflüssen, Meinungen, Darstellungen und Interpretationen – so anspruchsvoll. Und als wäre das noch nicht genug, kommt ja unabhängig vom so komplexen Gegenstand erst die eigene Forschungsleistung der Geisteswissenschaft zum Zug und ins Spiel – und zwar als Reflexion! Damit ist die kategoriale

Reflexivität des geisteswissenschaftlichen Forschungsprozesses angesprochen.

Reflexion als geisteswissenschaftliche Forschungsleistung

b) Fragt man nach der Bedeutung der geisteswissenschaftlichen Forschungsgegenstände einerseits und des geisteswissenschaftlichen Forschungsprozesses andererseits für die Kategorie der Reflexivität, so schlägt das Pendel zu Gunsten des Forschungsprozesses aus. Hinsichtlich der Gegenstände mußten gewisse Einschränkungen gemacht werden: Zwar müßte im Einzelfall erst genau analysiert werden, welche Reflexionsformen auch Gegenständen zugeschrieben werden können, die, anders als eine Vielzahl elaborierter Texte, nur „schwach reflexiv“ oder eher verborgen reflexiv sind. Aber es ist klar, daß erstens nicht allen geisteswissenschaftlichen Gegenständen ohne weiteres Reflexivität zugeschrieben werden kann und zweitens sich im Detail bei einzelnen Fällen Interpretationsschwierigkeiten genau in bezug auf diese Frage ergeben werden. Reflexivität ist, schlicht und Einzelanalysen vorgreifend gesagt, nicht allen geisteswissenschaftlichen Forschungsgegenständen eigen. Das gilt zumindest, solange – sinnvollerweise – die materielle Alltagskultur nicht ausgeklammert wird. Ganz anders verhält es sich hingegen mit der Reflexivität des geisteswissenschaftlichen Forschungsprozesses: Ausnahmslos jeder geisteswissenschaftliche Forschungsprozeß bedarf der Reflexivität.

Reflexivität gehört zum harten Kern dessen, was geisteswissenschaftliche Forschung ausmacht. Sie ist ein unhintergehbares Definiens von Geisteswissenschaft, Reflexion ihre, wie oben gesagt, Generalmethode.

Die kategoriale Reflexivität der geisteswissenschaftlichen Forschung eignet sich – abstrakt eindeutig, konkret natürlich nicht problemfrei – zur Unterscheidung von (Geistes-) Wissenschaft und Nicht-(Geistes-)Wissenschaft. Geisteswissenschaft jedenfalls, soviel zur Abgrenzung, jedenfalls findet ohne Reflexion nicht statt. Nur leider ist Reflexivität nicht etwas, was man einem Prozeß oder einem Ergebnis der Forschung einfach und eindeutig zuschreiben oder nicht zuschreiben kann. Weil Reflexivität sehr unterschiedliche Ausprägungen haben kann und in unterschiedlichem Ausmaß in geisteswissenschaftlichen Forschungsprozessen zum Tragen kommt, ist es sinnvoll, von unterschiedlichen Graden an Reflexivität auszugehen – und damit bleibt für einzelne Arbeiten durchaus offen, ob ihr Maß an Reflexivität ausreicht, um unter Geisteswissenschaftlern als ihrem Wissenschaftsbereich zugehörig akzeptiert zu werden. Unabhängig von dieser pragmatisch-sozialen Klärung dessen, was als Geisteswissenschaft gilt, und den damit einher gehenden Schwierigkeiten, wird Reflexivität als Ausweis geisteswissenschaftlicher Wissenschaftlichkeit schlechthin gelten müssen. Das äußert sich konkret darin, daß geisteswissenschaftliche Forschungsarbeiten als solche, d.h. als wissenschaftliche Lei-stung, einen Explikationsgrad erreichen, der mindestens als einfache Reflexion gelten muß.

Zur Erläuterung des grundsätzlichen Anspruchs reicht dieser Fall der „einfachen Reflexion". Oben wurde ja bereits skizziert, daß das, was als Reflexion gelten kann, in der Praxis mehrfach geschachtelt, etwa über Bezugnahmen auf Bezugnahmen, auftreten kann. Die gestuften Reflexionen können bereits auf der Gegenstandsebene vorliegen, und die geisteswissenschaftliche Forschung fügt dem dann eine weitere Reflexionsebene hinzu – nicht beliebig, sondern beispielsweise aus einer begründeten Perspektive heraus. Und genau diese letzte, die den geisteswissenschaftlichen Forschungsprozeß ausmacht, ist hier die entscheidende, und zwar, ohne sie an dieser Stelle inhaltlich zu qualifizieren, zunächst einmal schlicht die Tatsache ihrer Existenz.

Der geisteswissenschaftliche Forschungsprozeß läßt sich dadurch charakterisieren, daß er grundsätzlich auf einem Reflexionsniveau stattfindet, das ohne Distanzierungen vom eigentlichen Gegenstand nicht auskommt. Dieser Umstand hat fast die Qualität eines Paradoxes: Die beste Beschreibung zum Beispiel von ziemlich komplizierten sozialen oder kulturellen Sachverhalten – nämlich die geisteswissenschaftliche – ist im Kern nicht durch die Beschreibung als Abbild definiert, sondern als Abbild mit ausdrücklicher Bewertung, mit einer Einordnung, mit einer kenntlich gemachten Deutung, mit explizierten Hintergründen. Nicht die schlichte Wiedergabe einer vermeintlich eindeutigen Wirklichkeit ist Gegenstand der geisteswissenschaftlichen Forschung, auch zumeist nicht die realitätsferne reine Reflexion ohne empirische Anhaltspunkte, sondern, um es mit einem zusammenfassenden Begriff zu versuchen, die reflektierte Darstellung.

Charakteristisch für den geisteswissenschaftlichen Forschungsprozeß und in epistemologischer Hinsicht zentral ist mit der Reflexion auf Wahrnehmungs- und Erkenntniskontexte und auf leitende Perspektiven gerade das, was in Laborkonstruktionen der experimentellen Naturwissenschaften eigens als Randbedingung in den Versuchsaufbau sozusagen externalisiert wird, um die reine Gegenstandserkenntnis als Abbildung von Natur wie sie ist zu ermöglichen. Innerhalb dieses Vergleichs ausgedrückt, wird die Auseinandersetzung mit Kultur, Sprache, Symbolen, Artefakten oder Kunstwerken gerade dort zur Geisteswissenschaft, wo es ausdrücklich auch um die Randbedingungen geht. Bezüglich der methodischen Kontrolliertheit kann man die geisteswissenschaftliche Reflexion durchaus mit den Verfahren anderer Wissenschaften vergleichen; die Geisteswissenschaften treiben das Methodenbewußtsein über eine begleitende Reflexion, die auch die eigene Tätigkeit einbezieht, gewissermaßen sogar auf die Spitze.

Die Reflexivität des geisteswissenschaftlichen Forschungsprozesses ist weder an eine Forschergemeinschaft gebunden noch auf die Person eines Einzelforschers beschränkt. Wer sich wie an welchem Forschungsprozeß und damit an der Reflexion beteiligt, gestaltet sich in der Praxis sehr unterschiedlich. Es handelt sich unabhängig von den beteiligten faktischen Personen um einen wissenschaftlichen Diskursprozeß, der, schon von seiner eigenen Historizität her, immer nur an vorläufige Endpunkte kommen kann. Der geisteswissenschaftliche Forschungsprozeß – gleich ob zu bestimmten Gegenständen und Themen oder zusammenfassend zu ganzen Bereichen verstanden – ist eine reflektierte, also bewußte, erläuterte, prinzipiell nachvollziehbare und vor allem argumentativ ausgetragene, Auseinandersetzung eines gewissen: hohen, eben wissenschaftlichen Niveaus. Ebenso unterschiedlich, wie es die an diesem Prozeß Beteiligten sein können, sind die verschiedenen Formen der Reflexion, deren Spannweite von Regieanweisungen zur Textlektüre bis zu existentiellen Sinnfragen ja bereits angedeutet wurde.

An dieser Stelle ist eine Reflexion in eigener Sache angezeigt, wobei es weniger um diese Selbstanwendung geht als eben um die Sache: An verschiedenen Stellen in den bisherigen Überlegungen ist darauf hingewiesen worden, daß die Ausprägung bestimmter geisteswissenschaftlicher Kategorien in einzelnen Forschungsarbeiten auch als ausdrückliches Qualitätsmerkmal dienen kann. Dabei ist immer und an zentraler Stelle die Kategorie der Reflexivität im Spiel. Reflektiert wird eben beispielsweise auf die Perspektivität, die Historizität oder die Verbalität eines geisteswissenschaftlichen Forschungsgegenstandes oder -prozesses. Dieser Umstand rückt die kategoriale Reflexivität ja so nahe an eine Methodendiskussion für die Geisteswissenschaften. Wenn der Realisierungsgrad des Reflexionspotentials eines geisteswissenschaftlichen Forschungsgegenstandes im Prozeß und vor allem im Ergebnis der Forschung, etwa in einer monographischen Darstellung, hinter den Möglichkeiten zurückbleiben kann, die dem Gegenstand quasi innewohnen, – so eröffnet diese Differenz ein weites Feld für Werturteile über konkrete Forschungsleistungen. Und, das ist an dieser Stelle der hiesigen Reflexion wichtig: Die gesamten Ausführungen zu den geisteswissenschaftlichen Kategorien sind von einer auffälligen Uneindeutigkeit zu der Frage durchzogen, ob es denn um die Beschreibung der faktischen Geisteswissenschaften in ihren Gegenständen und Prozessen geht oder um ein Leitbild, das deutlich normativen Charakter hat. Geht es um die Geisteswissenschaften, wie sie sind oder wie sie sein sollen? Die Antwort ist wohl klar: um beides, um deskriptive wie um normative Adäquatheit. Aber es gilt allemal, daß für konkrete Fragestellungen sehr deutlich expliziert werden muß, welcher der beiden Maßstäbe gerade verwendet wird. Für die geisteswissenschaftlichen Kategorien gilt in der Tat der doppelte Anspruch: Mit diesen Kategorien kann die faktische geisteswissenschaftliche Forschung im Prinzip angemessen beschrieben werden, und zugleich kann die qualitative oder quantitative Ausprägung der verschiedenen Kategorien als Qualitätskriterium fungieren. Letzteres gilt a forteriori für die kategoriale Reflexivität der Geisteswissenschaften und insbesondere ihres Forschungsprozesses und seiner Dokumentation in publizierten Forschungsergebnissen.

7. Universalität

Mit der Kategorie der Universalität gerät eine vermeintliche Balance in Gefahr, die selten ausdrücklich angesprochen wird, aber in fachübergreifenden wissenschaftlichen und wissenschaftspolitischen Auseinandersetzungen unterstellt wird: Man geht unausgesprochen davon aus, daß das Terrain zwischen den großen Wissenschaftsbereichen im großen und ganzen einigermaßen klar abgesteckt ist. Zwar wird allenthalben interdisziplinäres Arbeiten eingefordert, weil dieses in besonderer Weise jene Kreativitätspotentiale freilege, die für wissenschaftlichen Fortschritt sorgten; und tatsächlich sind gerade in jüngerer Zeit etwa im Bereich der Kognitionswissenschaften sachlich motivierte Kooperationsprojekte entstanden, welche die Fruchtbarkeit interdisziplinärer Arbeit schön illustrieren – und insofern letztlich auch Grenzen zwischen den Wissenschaften von der Natur und den Wissenschaften des Geistes zu verwischen beginnen. Aber nach wie vor fungieren Natur- auf der einen und Geisteswissenschaften auf der anderen Seite als einfachste grobe Einteilung der Wissenschaftsbereiche nach ihren hauptsächlichen Gegenständen. Dabei dürfte der „Geist" zweifellos ungleich schwerer zu fassen, auch begrifflich zu fassen sein – verschiedene Versuche sind ja seit den ersten Seiten dieses Essays unternommen worden. Mit der Kategorie der Universalität kommt nun ein weiteres Ungleichgewicht hinzu. Denn die geisteswissenschaftlichen Deutungsaufgaben machen vor keinem Gegenstand halt, und entsprechend weit ist der Gegenstandsbereich der Geisteswissenschaften. Er schließt gewissermaßen die Natur und auch die Naturwissenschaften mit ein und ist in diesem Sinn universell.

Dafür sprechen einige Indizien. Bereits zu Beginn der Ausführungen und im Verlauf immer wieder ist darauf hingewiesen worden, daß zu den Objekten der Geisteswissenschaften nicht nur Geistiges im Sinne kognitiver Produkte wie etwa Theorien oder Geschichten gehört, sondern auch materielle Artefakte, Gegenstände der Alltagskultur und anderes intentional Gemachtes dazuzuzählen sind.

Auch Natur in einzelnen, großen oder kleinen, Ausschnitten oder als Ganzes kann als gemacht verstanden werden, und selbst wenn das als theologische Verkürzung interpretiert wird, stellen sich im vermeintlich exklusiven Gegenstandsbereich der Naturwissenschaften Fragen nach Sinn und Zweckmäßigkeit, nach Funktionalitäten und nach Zielen. Manche dieser Fragen liegen sozusagen brach, weil – darauf ist im Zusammenhang mit der Kategorie Reflexivität bereits hingewiesen worden – unter den experimentellen oder quasi-experimentellen Bedingungen weiter Teile der Naturwissenschaften entsprechende Fragehorizonte zum Zweck der sehr spezifischen Erkenntnisgenerierung ausgeblendet werden und Reflexionspotentiale ungenutzt bleiben. In diese Lücke springen auch die Geisteswissenschaften. Sie tun das nicht exklusiv, sondern konkurrieren beispielsweise mit esoterischen oder religiösen Sinnangeboten, haben in diesem Wettbewerb aber zumindest den Vorteil eines hohen Reflexionsniveaus auf ihrer Seite.

Im Sinn eines solchen Aufgreifens von Reflexionspotentialen läßt sich in modifizierter Weise auch an die Kompensationsthese von Joachim Ritter anknüpfen, die Odo Marquard in den siebziger Jahren des zwanzigsten Jahrhunderts so zugespitzt hat: Die Geisteswissenschaften hätten für die schnell voran schreitende (naturwissenschaftlich induzierte) technologische Entwicklung „Modernisierungsschäden“ aufzuarbeiten, ihre eigene Kompetenz sei aber vor allem eine „Inkompetenzkompensationskompetenz“. Im Sinne der hiesigen Überlegungen richtig daran ist, daß die Geisteswissenschaften Inkompetenzen nutzen und ein Reflexionspotential einbringen, an dem es ansonsten gebricht. Falsch ist der allzu selbstkasteiende Bezug auf die eigene Inkompetenz – geht es doch um das Aufgreifen von Reflexionsaufgaben, die eher die Natur- und Technikwissenschaften sozusagen liegen lassen.

Die Kategorie der Universalität umfaßt nicht nur die Natur insgesamt, Teile von ihr oder aus ihr erwachsende Sinn- und Zweckfragen sowie Interpretationsaufgaben. Sie umfaßt darüber hinaus auch das Wirken der Naturwissenschaften selbst. Auch was diese unternehmen, bedarf einer Form der Einordnung, wie Geisteswissenschaften sie leisten. Einschlägige Gebiete wie die Wissenschaftssoziologie und die Wissenschaftsgeschichte stehen wahrscheinlich erst noch vor einer Blüte, weil sich zu Beginn des einundzwanzigsten Jahrhunderts erst langsam ein Bewußtsein für das historische Wachsen der Wissenschaft als zentralem Bereich einer Gesellschaft Raum verschafft, die sich immerhin schon selbstbewußt „Wissensgesellschaft“ nennt. Gegenstand, methodischer Zugriff und Reflexionsaufgabe sowie die Forschungspraxis der Geisteswissenschaften sind unter der Kategorie Universalität, die zunächst einmal einen weitreichenden Anspruch benennt, nicht immer leicht zu trennen.

Der Versuch wird mit dem bewährten analytischen Zugriff über die Gegenstände (a) und die Forschungspraxis (b) dennoch unternommen.

Die Mannigfaltigkeit der Gegenstände

a) Im bisherigen Anreißen der geisteswissenschaftlichen Kategorie der Universalität standen stark die geisteswissenschaftlichen Reflexionspotentiale und damit noch einmal die Reflexion als Generalmethode der Geisteswissenschaften im Mittelpunkt der Überlegungen. In bezug auf die Gegenstände der Geisteswissenschaften war das zunächst einmal ein sehr einfacher Zugang: Reflektieren – aus wohlbestimmter Distanz und mit begründeter Perspektivierung sich den Dingen und Prozessen öffentlich nachdenkend zuwenden – läßt sich eben über so gut wie alles. Es kommt nun darauf an, diesen Umstand richtig einzuordnen und zu bewerten. Was wie Beliebigkeit klingt und der bewährten Arbeitsteilung in den Wissenschaften auf den ersten Blick zu widersprechen scheint, ist der Sache geschuldet, und die hat kategoriale Relevanz. Es gibt Gegenstände der Geisteswissenschaften in einem übertragenen Sinn, Sprache, Kultur und Geschichte etwa, die einen Großteil der Aufmerksamkeit geisteswissenschaftlichen Arbeitens auf sich ziehen, aber diese konstituieren noch keinen klar begrenzbaren und erst recht keinen exklusiven Objektbereich der Geisteswissenschaften. Im Gegenteil: Wir verstehen die Geisteswissenschaften und das, was sie leisten, erst angemessen, wenn wir ihre prinzipiell universelle Zuständigkeit für unterschiedliche Objektklassen akzeptieren und erst vor diesem Hintergrund jene Relevanzentscheidungen einordnen, die natürlich immer dann getroffen werden, wenn in konkreten Forschungsarbeiten der jeweilige Gegenstand umrissen und festgelegt wird. Der Umstand primärer Zuständigkeit für Sprache, Kultur und Geschichte, die man mit einigem Recht erkennen kann, spricht nicht gegen eine Universalität potentieller Gegenstände der geisteswissenschaftlichen Arbeit.

Die Kategorie der Universalität liefert eine Folie, vor der Prioritätensetzungen erst im richtigen Licht erscheinen: Geisteswissenschaftler sind nie in der angenehmen Lage, die Relevanz des konkreten Forschungsobjekts einfach unkommentiert unterstellen zu können, sondern stets in der Pflicht, ihre Auswahl, ja die genaue Konstitution ihres Forschungsobjektes angesichts einer prinzipiellen Universalzuständigkeit zu rechtfertigen. So gesehen sorgt die kategoriale Universalität geisteswissenschaftlicher Forschungsgegenstände für das genaue Gegenteil von Beliebigkeit: nämlich für einen Legitimationsdruck auf die einzelne Forschungsarbeit, schon im Ansatz und durchaus mit Bezug auf außerwissenschaftliche Fragestellungen Auswahl- und Relevanzentscheidungen zu begründen, Hintergründe und Frageperspektiven zu erläutern und Zugangsweisen zu plausibilisieren.

Mit Blick auf die Kategorie der Spezifizität ergibt sich dabei kein Widerspruch: Aus der potentiell unendlichen Menge der geisteswissenschaftlichen Forschungsgegenstände für eine konkrete Analyse ausgewählte Gegenstände werden dann bevorzugt hinsichtlich ihrer Besonderheit untersucht. Daß bei der Auswahl häufig auf typische, beispielgebende oder auf singuläre, im Kontrast zu vielem Andersartigen besondere Gegenstände zurückgegriffen wird, zeigt die ganze Spannweite der faktischen geisteswissenschaftlichen Arbeit. Und es verweist dialektisch gerade darauf, daß Singularität erst im Wissen um eine potentielle Universalität der Gegenstände recht erkennbar wird. Die potentielle Universalität des geisteswissenschaftlichen Reflexionsspiels – um die harte und detailreiche Forschungsarbeit einmal aus der Distanz so zusammenzufassen – spiegelt dabei auch die Neigung und Notwendigkeit zu einer Distanznahme, die den Charakter einer anthropologischen Konstante beanspruchen kann. Der Umgang der Geisteswissenschaft mit den Dingen – ihren Gegenständen: den materiellen und geistigen Objekten, den Prozessen und Geschehnissen – ist typisch dafür, wie Menschen sich in Umwelten zurechtfinden: Sie nähern sich den Dingen, indem sie sie reflektierend distanzieren, um sie zu verstehen und schließlich, ein weiterer Schritt, auch zu gestalten.

Die Asymmetrie interdisziplinärer Kooperation

b) In der Forschungspraxis der Geisteswissenschaften selbst spielt die Kategorie der Universalität eine unproblematische Rolle. Auf der einen Seite macht sie zwar den Gegenstandsbereich schwer faßbar und zwingt zu relativ aufwendigen Bestimmungen für die einzelne Forschungsarbeit. Auf der anderen Seite ist für einzelne Forschungsarbeiten, wenn die genannten Begründungslasten geschultert werden, thematisch auch viel möglich. Zwar haben sich in den unterschiedlichen geisteswissenschaftlichen Disziplinen verschiedene Standards an Themenbreite und Detaillierungstiefe etabliert, aber gerade diesbezüglich lange eingeschlagene Pfade erfahren durch einen Wechsel des Zugangs eine neue Ausrichtung. Impulse kommen oft zustande, wenn ein Forscher die Dinge qualifiziert anders macht: beispielsweise die Zusammenschau wagt, wo Einzelanalysen dominierten, oder in Detailanalysen brilliert, wo die forschende Vätergeneration sich im Allgemeinen verlor.

Immer wieder speist sich aus der Quelle der kategorialen Universalität auch ein Themenreichtum, der dann augenfällig wird, wenn gänzlich vernachlässigte Forschungsgegenstände (neu oder wieder) entdeckt werden. Die Analyse von Trivialkultur durch eine über Jahrzehnte auf kanonische Werke konzentrierte Literaturwissenschaft oder die Entdeckung der Sozialgeschichte durch die Geschichtswissenschaft, die lange vordringlich die politische Ereignisgeschichte untersucht hat, sind dafür inzwischen schon ältere Beispiele.

Problematischer als für die Forschungspraxis der Geisteswissenschaften selbst erweist sich die kategoriale Universalität in der schon angesprochenen interdisziplinären Zusammenarbeit. Die Universalität des geisteswissenschaftlichen Zugriffs, die, wenn auch mit spezifischen perspektivischen Beschränkungen, auch Themenbereiche umfaßt, für die andere als Geisteswissenschaften eine Zuständigkeit reklamieren, sorgt für eine Asymmetrie, die der fachübergreifenden Zusammenarbeit eher abträglich ist. In einer solchen Zusammenarbeit kommt es schon aus psychologischen Gründen darauf an, daß sich die Partner auf Augenhöhe begegnen. Gleichberechtigt sollen verschiedene Zugänge zum Zweck gemeinschaftlichen Erkenntnisgewinns zusammengeführt werden. Geisteswissenschaftler haben in solchen Konstellationen damit zu kämpfen, daß die prinzipielle Universalität ihrer Forschungsthemen nicht akzeptiert wird und zudem methodische Schwierigkeiten auftreten. Dabei rühren letztere nicht nur, was wenig überraschend ist, daher, daß es inhaltliche Auseinandersetzungen um Methoden gibt, sondern resultieren auch – und das ist für die Asymmetrie gravierend – daraus, daß Geisteswissenschaftler methodisch offener und flexibler sind. Sie kritisieren etwa naturwissenschaftliche Zugänge, zum Beispiel bestimmte Konfigurationen von Experimenten, gar nicht grundsätzlich, sondern verlangen nur nach ergänzenden Zugängen aus anderen Perspektiven. Und genau mit dieser eingeforderten Multi-Perspektivität laufen sie in Kooperationen mit Partnern auf, die den eigenen Zugang für den wissenschaftlich einzig möglichen halten. Es sind die Mühen der Perspektivität, die Geisteswissenschaftler in interdisziplinären Konstellationen ihren Partnern abverlangen (müssen).

Die prinzipielle Universalität der geisteswissenschaftlichen Forschungsgegenstände führt zu einer begründungsbedürftigen Perspektivität, die in der Forschungspraxis dort an pragmatische oder psychologische Grenzen stößt, wo das Wissenschaftsverständnis der Kooperationspartner von einer Eindeutigkeit geprägt ist, die Geisteswissenschaftlern fremd sein muß. Dieser Umstand spricht nicht gegen die Möglichkeit fachübergreifender Zusammenarbeit. Aber er muß bedacht und im Auge behalten werden, um die an immer mehr Beispielen erkennbaren Erkenntnispotentiale einer solchen Zusammenarbeit nicht leichtfertig zu verspielen. Nicht zuletzt die erfolgreiche Forschungspraxis der Geisteswissenschaften selbst zeigt eindrücklich, daß die kategoriale Universalität der geisteswissenschaftlichen Forschungsgegenstände die (Geistes-)Wissenschaft eher beflügelt als lähmt.

III.

Geisteswissenschaft – was macht sie, und was macht sie aus? Auf die Beantwortung dieser Doppelfrage zielt diese Untersuchung, und nach dem Durchgang durch die sieben Kategorien jeweils anhand der Unterscheidung zwischen dem Gegenstand und der Forschungspraxis der Geisteswissenschaften ist es an der Zeit, den Ausgangspunkt noch einmal zu vergegenwärtigen und die differenzierten Antwortversuche in ihren wichtigsten Punkten zusammenzutragen (1). Außerdem gilt es, die Kategorien als die tragenden Säulen der bisherigen Überlegungen in ihrer Beziehung untereinander noch einmal zu betrachten und von daher die Idee vom Anfang der Untersuchung aufzugreifen, den vertretenen Ansatz zusammenfassend als „Perspektivismus" zu charakterisieren (2). Aufzugreifen aus der Einführung sind nach dem Durchgang durch die geisteswissenschaftlichen Kategorien darüber hinaus die Frage nach möglichen Gegenbegriffen, die für andere Wissenschaften als die des Geistes den Status von Kategorien einnehmen können, und die eingangs so genannte Adäquatheitsthese zum möglichen Geltungsbereich des perspektivistischen Ansatzes (3). Schließlich soll ein kurzer Ausblick auf Anknüpfungspunkte für weiterführende Überlegungen zum hier programmatisch vertretenen Ansatz geworfen werden, mit dem an bereit liegende Diskussionsfäden erinnert werden kann und der Desiderate für weitere Analysen benennt (4).

Die Praxis der Forschung: Schlüssel zum Verständnis der Geisteswissenschaften

(1) Geisteswissenschaft, das ist des Geistes Wissenschaft. Es geht in erster Linie um seine Tätigkeit und deren Resultate, weniger um eine Wissenschaft vom Geist oder Geistigen. Das jedenfalls ist der Akzent, der mit den bisherigen Überlegungen gesetzt wurde. Stärker als bisher üblich richtete sich der Blick mit einer schlichten Frage auf die Forschungspraxis von Geisteswissenschaftlern: was machen die eigentlich? Ausgangspunkt war die Beobachtung, daß es einen breiten Bereich dessen, was üblicherweise zur Wissenschaft gezählt wird, gibt, der sich – das unbestritten – nicht zuletzt mit geistigen Phänomenen auseinandersetzt, der aber in Versuchen, den konkreten Forschungsprozeß zu beschreiben, sehr schwer zu fassen ist. Hier sollten die Kategorien einen Zugang bilden. Dabei mußten sie sich gleichwohl der zweifachen Aufgabe stellen, für den Gegenstandsbereich wie für den Forschungsprozeß ihre Tauglichkeit zu plausibilisieren. Das ist, darauf ist im Verlauf ja immer wieder hingewiesen worden, in unterschiedlichem Ausmaß gelungen. Gerade mit Blick auf den Forschungsprozeß konnten sich Kategorien gleichsam profilieren, deren Relevanz in bisherigen wis-

senschaftstheoretischen Überlegungen zu den Geisteswissenschaften noch nicht hinreichend gewürdigt wurde.

Schaut auf das, was Geisteswissenschaftler machen – das ist in Kurzform die Botschaft zum Verständnis der Geisteswissenschaften. Es sind eben viele, sich in Gegenstandsbereichen, Methoden und Zugängen stark von einander unterscheidende Wissenschaften, die (noch immer und hierzulande) als Geisteswissenschaften rubriziert werden; an den Überblick dazu vom Beginn sei erinnert. „Geistes Wissenschaft", Wissenschaft von der Tätigkeit des menschlichen Geistes, ist denn auch nicht mißzuverstehen als Versuch, Disparates allzu künstlich zusammenzufassen. Es geht um Geisteswissenschaften, im Plural. Und doch geht es auch um den Geist, der die einzelnen Wissenschaftler beseelt, geht es auch um das, was geistige Wesen in Auseinandersetzung mit größtenteils geistigen Gegenständen sich und anderen wissenschaftlich zu eigen machen.

Auf die geisteswissenschaftlichen Kategorien und ihre jeweiligen Akzente soll sich nun noch einmal der Blick richten. Als am konkreten Material formbare Formen – der Wahrnehmung, des Denkens, der wissenschaftlichen Analyse: so wurden sie eingeführt, als Grundmuster und abstrakte Strukturen, die in unterschiedlicher Ausprägung, aber immer präsent geisteswissenschaftliche Gegenstände bestimmen und Arbeitsweisen prägen.

Für die Kategorie der Historizität liegt der Schwerpunkt auf der Ebene der Gegenstände: Zwar ist auch die Forschungsarbeit geschichtlich situiert, aber bestimmender für geisteswissenschaftliche Forschung ist der Umstand, daß sie es mit Objekten und Gegenständen aus der Geschichte zu tun hat, mit Gewordenem, das über seine Entstehungsbedingungen und Veränderungen im Lauf der Zeit verstanden werden kann. Für die Kategorie der Dialogizität/Intersubjektivität liegt der Schwerpunkt schon anders: Hier fallen die Austauschprozesse zwischen den Wissenschaftlern stärker ins Gewicht als die dialogische Struktur einer Reihe von Forschungsgegenständen. Das diskursive Element und die intersubjektive Weise des Erkenntnisstrebens und der wissenschaftlichen Qualitätssicherung sind konstitutiv für geisteswissenschaftliches Forschen. Für die Kategorie der Spezifizität gestaltet sich die Gewichtung offener: Je nach eher realistischer oder konstruktivistischer Herangehensweise ändert sich die Bewertung. Aus Sicht eines Realisten, der Wissenschaft wesentlich für die Abbildung gegebener Strukturen in wissenschaftlicher Form hält, kommt der Kategorie Spezifizität für die Gegenstandsebene eine größere Bedeutung zu; aus der Sicht eines Konstruktivisten ist es gerade der Forschungsprozeß, aus dem die kategoriale Spezifizität der Geisteswissenschaften erwächst. Für die Kategorie der Perspektivität ist für die Relevanzbeurteilung klar die Ebene der Forschungspraxis zu favorisieren, ungeachtet der auch vielen Gegenständen eingeschriebenen „Blickrichtungen". Insbesondere die Frage nach der Legitimität von Fragenstellungen für die Generierung von geisteswissenschaftlichen Erkenntnissen ist dabei von entscheidender Bedeutung. Auch die Kategorien der Verbalität und der Reflexivität haben ihr besonders Gewicht in der Reflexion auf die Forschungspraxis der Geisteswissenschaften. Der von der Sprache ermöglichte Wechsel verschiedener Analyse-Ebenen und die reflexiv ins Spiel gebrachte Betrachtung auch der eigenen Erkenntnisvoraussetzungen sind für geisteswissenschaftliches Arbeiten essentiell. Gleichwohl bestimmen beide Kategorien auch große Teile geisteswissenschaftlicher Forschungsgegenstände – und verweisen beide, soviel zu ihrer Bedeutung auch außerhalb der hiesigen Fragestellung, auf anthropologische Grundkonstanten: Was wäre der Mensch ohne Sprache und (Selbst-)Reflexion? Die Kategorie der Universalität hat ihren Schwerpunkt eindeutig auf der Ebene der Gegenstände der geisteswissenschaftlichen Forschung. Diese ist von der Objektseite her sehr flexibel. Für die Forschungspraxis ergeben sich in erster Linie eine methodische Offenheit und die Bereitschaft vieler Geisteswissenschaftler, auch da eine generelle Deutungskompetenz einzubringen, wo diese nicht zuletzt Vertreter anderer Wissenschaften für obsolet halten.

Dieser Gang durch die Kategorien mit den jeweiligen Schwerpunkten erlaubt nun einen Definitionsversuch: *Die Geisteswissenschaften greifen aus der Klasse möglicher Forschungsobjekte bevorzugt in der Geschichte gewordene Gegenstände heraus, die sie aus ihren Kontexten heraus mit Blick auf ihre Einzigartigkeit untersuchen, dabei ihre eigene Zugangsweise, auch anhand außerwissenschaftlicher Erkenntnisinteressen, reflektieren und sprachlich artikulierte Forschungsergebnisse in Diskursprozesse von Forschung und Gesellschaft einbringen.* Noch einmal mit Hinweis auf die einzelnen Kategorien: Die Geisteswissenschaften greifen aus der Klasse möglicher Gegenstände (Universalität) bevorzugt in der Geschichte gewordene Gegenstände (Historizität) heraus, die sie aus ihren Kontexten heraus mit Blick auf ihre Einzigartigkeit (Spezifizität) untersuchen, dabei ihre eigene Zugangsweise (Perspektivität), auch anhand außerwissenschaftlicher Erkenntnisinteressen, reflektieren (Reflexivität) und sprachlich artikulierte (Verbalität) Forschungsergebnisse in Diskursprozesse von Forschung und Gesellschaft einbringen (Dialogizität/Intersubjektivität).

Geistes Wissenschaft – das erhellt – ist ein ziemlich anspruchsvolles Unterfangen.

Das Zusammenspiel der Kategorien im Perspektivismus

(2) Der Definitionsversuch ist ein Ergebnis dieser Untersuchung in Kurzform. Der Durchgang durch die Kategorien hat aber nicht nur zu diesem hinführen können. Er war eine Möglichkeit, ein ganzes Bündel von Fragen anzusprechen, die sich demjenigen stellen, der sich den Geisteswissenschaften mit Blick auf ihre Gemeinsamkeiten und verbindenden Elemente nähert, der verstehen will, was sie ausmacht, was sie wesentlich sind und was sie als Wissenschaften unternehmen. All die angesprochenen Aspekte, die eben betonten wie die beiläufig erwähnten, mögen in ihrer Gesamtheit ein Bild von den Geisteswissenschaften vermitteln. Die sieben Kategorien erlauben Zugänge zum Ganzen. Sie helfen, ein diffuses Tableau von Themen, Methoden, von Fragestellungen, Zugangsweisen und von Arbeitsformen und Präsentationsarten zu sortieren. Mit ihnen ist zu den Geisteswissenschaften im-

mer ein Zugang möglich – insgesamt, wie hier geschehen, und, noch wichtiger, zu jeder einzelnen geisteswissenschaftlichen Arbeit. Das gilt für Geisteswissenschaftler, die vor einem Projekt stehen und noch einen Zugang suchen, wie für Leser, die sich ein Thema neu aneignen.

Eingangs war auch die Rede vom methodischen Problem des heuristischen Zirkels. Wir kommen „in" die Kategorien nur herein, indem wir sie schon benutzen. Sie sind echte Grundbegriffe derart, daß sie in vager Ausformung schon zugrunde liegen, wenn die Analyse erst beginnen soll. Der Durchgang durch die sieben aufgeführten Kategorien sollte diese plausibilisieren, sollte verständlich machen, daß die Wege über Historizität, Dialogizität/Intersubjektvität, Spezifizität, Perspektivität, Verbalität, Reflexivität und Universalität Königswege zu den Geisteswissenschaften sind, zu ihren Gegenständen und zum Prozeß ihrer geisteswissenschaftlichen Erforschung. Der Anspruch steht und wird aufrecht erhalten – aber dennoch: Ziel hier war das Verständnis der Geisteswissenschaften; dazu kann die Reflexion auf die Kategorien auch beitragen, wenn sich zeigen ließe, daß das, wofür die eine oder andere Kategorie steht, nach eingehender Überlegung nicht den beanspruchten kategorialen Status in Anspruch nehmen sollte. Umgekehrt sind auch Erweiterungen denkbar, etwa eine Kategorie Intentionalität oder eine, die auf Sinn abhebt. Aber in beiden Beispielen ergäben sich Abgrenzungsprobleme: von experimentell ausgerichteter Forschung einmal, von außerwissenschaftlichem Sinnsuchen das andere Mal. Auch eine Kategorie Kontextualität hätte eine gewisse Plausibilität, wiese aber große Überschneidungen mit Historizität und Perspektivität aus. Weitere Kandidaten sind im Lauf der Untersuchung erörtert oder verworfen worden: Diskursivität, Visualität und Literalität. Die behandelten sieben Kategorien sollen also nicht verabsolutiert werden, doch mit Sicherheit helfen sie bei einem basalen Verständnis der Geisteswissenschaften weiter, einer Aufgabe, bei der bisher, überraschenderweise auch unter Geisteswissenschaftlern, eher ein auffälliges Schweigen herrschte.

Es gilt also: Wer verstehen will, was Geisteswissenschaften sind, der betrachte sie in ihrer Historizität und Reflexivität, beachte ihre sprachliche Verfaßheit und ihren immer perspektivischen Zugang, schaue auf das Arbeiten am Einzigartigen, das aus der Fülle des Möglichen herausgegriffen wird, und akzeptiere die auf Austausch gerichtete Arbeitsweise und Ergebnispräsentation.

Die Bedeutung der einzelnen Kategorien für einzelne geisteswissenschaftliche Projekte ist dabei sehr unterschiedlich, und das Zusammenwirken der verschiedenen kategorialen Zugänge läßt sich am eindrücklichsten am konkreten Beispiel zeigen, wie es oben auch im Rahmen der Erörterung der einzelnen Kategorien immer wieder geschehen ist.

Für den Gesamtansatz wird es darüber hinaus lohnend sein, die zu Beginn angesprochenen Überschneidungszonen zwischen den Kategorien noch einmal aufzugreifen. Für die abstrakte Demonstration des Zusammenwirkens ganz unterschiedlicher kategorialer Zugänge ist schon die relativ schlichte Kombination aus zwei Kategorien aufschlußreich; die möglichen Kombinationen werden kurz systematisch durchgegangen. Diese insgesamt einundzwanzig Kombinationen werfen natürlich nur ein Schlaglicht auf die Szenerie, weil in mehr oder weniger ausgeprägter Form (fast) alle Kategorien bei der geisteswissenschaftlichen Einzel-Analyse eine Rolle spielen. Der vielleicht etwas mechanisch wirkende vollständige Durchgang durch wenigstens alle denkbaren Zweierkombinationen hat das Ziel zu demonstrieren, daß der Zugang über mehrere Kategorien auch dann wissenschaftlichen Ertrag verspricht, wenn zunächst nur ein Weg zum Gegenstand nahezuliegen scheint. Kategorienkombinationen akzentuieren auch die Kategorien noch einmal neu – oder sie legen frei, was als Überschneidungsmenge der unterschiedlichen Zugänge am Gegenstand oder im Forschungsprozeß von besonderem Gewicht ist. Kategorien sind eben immer auch Hilfsmittel auf dem Weg zur geisteswissenschaftlichen Erkenntnis. Nach dem Herausstellen ihrer Leistungsfähigkeit ist von daher auch eine gegenseitige Relativierung durch die Betrachtung von Kombinationen angebracht.

Was sich insgesamt schon bei der Betrachtung der einundzwanzig Zweier-Kombinationen ergibt, ist das Bild von einem Kategoriennetz, mit dessen Hilfe es in der vorgenommenen abstrakten Zugangsweise möglich ist, einen umfassenden Zugriff zu geisteswissenschaftlichen Gegenständen und Forschungsprozessen zu eröffnen, ja diese im Kategoriennetz gleichsam einzufangen. Eine kurze, teilweise exemplarische Erläuterung zu den jeweiligen Berührungspunkten und Schnittmengen zweier Kategorien mag dabei genügen. Schon diese, einundzwanzigfach, wird auf die Mannigfaltigkeit der Zugänge zu den Geisteswissenschaften verweisen, welche die Kategorien ermöglichen.

Historizität/Dialogizität/Intersubjektivität: In der Geschichte gewordene Forschungsgegenstände werden in diskursiven Forschungsprozessen verständlich und verstehbar gemacht. Die Forschungsprozesse bilden selbst eine Forschungsgeschichte. Vielen Forschungsgegenständen ist schon eine dialogische Struktur eigen.

Historizität/Spezifizität: Historische Objekte werden mit Blick auf ihre Einzigartigkeit analysiert; ihre Singularität wird im Forschungsprozess herausgearbeitet. Auch der Prozeß der Forschung ist aus einer einzigartigen historischen Konstellation heraus zu verstehen.

Historizität/Perspektivität: Fragestellungen, die wissenschaftlich oder lebenspraktisch motiviert sind, werden an geschichtlich Gewordenes herangetragen. Orientierungsleistungen des Vergangenen verdanken sich aktuell motivierten Fragenstellungen. Die geschichtlichen Gegenstände legen auch aus sich heraus bestimmte Frageperspektiven nahe.

Historizität/Verbalität: Eine Vielzahl historischer Quellen ist schriftlich fixiert. Der Prozeß der Forschung findet im Medium der Sprache statt – als Austausch von Forschungsständen, Hypothesen und Indizien, auch als plausible Darstellung und nachvollziehbare Erzählung. Der sprachlich dominierte Forschungsprozeß ist, nicht zuletzt in der Ergebnispräsentation, historischem Wandel unterworfen.

Historizität/Reflexivität: Geschichtlich gewordene Forschungsgegenstände sind zu großen Teilen selbstbezüglich organisiert. Die geisteswissenschaftliche Analyse ist ein herausgehobenes Glied in der Kette von distanzierenden Bezugnahmen auf Vergangenes. Das Bewußtsein von der eigenen historischen Gebundenheit relativiert auch Forschungsprozesse und ihre Ergebnisse.

Historizität/Universalität: Von den möglichen Gegenständen der Geisteswissenschaften bilden die historischen die größte Klasse. Alle Gegenstände erlauben einen Zugriff über ihre Geschichte, darüber, wie sie wurden, was sie sind. In der Vielzahl methodischer Zugriffe sind historische Präferenzen der Forschungsgemeinschaft erkennbar.

Dialogizität/Intersubjektivität/Spezifizität: Die Vielzahl diskursiver Praktiken auf Gegenstands- wie Forschungsprozeßseite nötigt zu Fragestellungen nach Besonderheit. Dialogisch organisierte Forschungsprozesse konzentrieren sich auf Gegenstände von besonderer (historischer, kultureller oder ästhetischer) Relevanz.

Dialogizität/Intersubjektivität/Perspektivität: Richtige Fragestellungen werden im intersubjektiven Austausch der Forschergemeinde und in Auseinandersetzung mit lebenspraktischen Orientierungsfragen entwickelt. Es findet ein

Dialog mit dem Gegenstand statt, der seinerseits Blickrichtungen einbringt oder vorgibt. Perspektivische Zugänge zum Gegenstand sind intersubjektiv zu rechtfertigen.

Dialogizität/Intersubjektivität/Verbalität: Sprache ist das Medium des Austauschs und der intersubjektiven Verständigung. Dialoge auf der Ebene des Gegenstands, im Prozeß der Forschung wie im übertragenen Sinn zwischen Gegenstand und Forscher sind sprachlich verfaßt.

Dialogizität/Intersubjektivität/Reflexivität: Rechtfertigungen im diskursiven Forschungsprozeß zwingen zur Reflexion auf Fragestellungen, Hintergründe, Kontexte und Prämissen. Reflexion als Selbstbezüglichkeit, auch auf der Ebene der Gegenstände und der Forschungsprozesse, ist immer dialogisch strukturiert und simuliert den intersubjektiven Austausch auch dann, wenn er die Form des Selbstgesprächs hat.

Dialogizität/Intersubjektivität/Universalität: Die Diskursgemeinschaften von Fachwissenschaftlern und Gesellschaft wirken als Referenzgrößen und dienen als Legitimationsarenen für die Relevanzbestimmung, die mit der Auswahl von Forschungsgegenständen aus der Mannigfaltigkeit gegebener Prozesse, Phänomene und Gegenstände einhergeht. Die Auswahl und Anwendung der jeweiligen Methoden bedürfen der Rechtfertigung im Kreise der Fachwissenschaftler. Von den unendlichen möglichen Forschungsgegenständen gehören die dialogisch und auf intersubjektive Verständigung hin angelegten zu den komplexeren.

Spezifizität/Perspektivität: Einzigartige Geschehnisse, Kunstwerke oder Phänomene zwingen dazu, sie in ihrer Einzigartigkeit zu verstehen und zu würdigen, sie also zu kontextualieren, zu vergleichen – und abzusetzen vom Gewöhnlichen und Normalen. Die Unterstellung von Singularität bringt die Besonderheit als Frageperspektive an einen Gegenstand heran. Spezifisch wird ein Gegenstand in einem Forschungsprozeß, der sich die Herausarbeitung des Besonderen zum Ziel setzt.

Spezifizität/Verbalität: Die Differenzierungsmöglichkeiten der Sprache erlauben in besonders eindrücklicher Weise die Herausarbeitung von Spezifizität – des Gegenstandes wie des Forschungsprozesses. Eine Vielzahl von Gegenständen erreicht seine Einzigkartigkeit durch seine sprachliche Darstellung. Im Prozeß der Forschung erreicht jede einzelne Forschungsleistung durch ihre sprachliche Verfaßtheit eine je spezifische Gestalt.

Spezifizität/Reflexivität: Singularität, auch vorwissenschaftlich schon erfaßt, wird erst im Prozeß der wissenschaftlichen, also allgemein nachvollziehbaren, Reflexion als solche diskursiv verhandelbar. Spezifische methodische Zugänge sind Ergebnis methodischer Reflexion. Viele Gegenstände erlangen ihre Spezifizität dank ihrer eigenen reflexiven Struktur; ihre (angemessene) Komplexität macht sie singulär.

Spezifizität/Universalität: Spezifizität ist das Resultat gerechtfertigter Auswahl aus der Universalität möglicher Gegenstände vor dem Forum der jeweiligen Wissenschaftlergemeinschaft. Relevanz kommt vom Gegenstand her oder wird ihm im Forschungsprozeß vor dem Hintergrund der vielen anderen möglichen Gegenstände zugeschrieben und erwiesen. Erst die Universalität der möglichen Gegenstände und möglicher methodischer Zugänge im Forschungsprozeß adelt die behandelten Gegenstände als relevant und zeichnet die verwendeten Methoden als angemessen aus; beides ist im Prozeß der Forschung zu erweisen.

Perspektivität/Verbalität: Die Flexibilität der Sprache erlaubt eine fast unendliche Vielzahl von Perspektiven, die sich auch nur in Nuancen unterscheiden können. Das gilt für die Konstitution von Gegenständen wie für die Zugänge im Prozeß der Forschung. Sprache ist das Leitmedium der geisteswissenschaftlichen Forschung. Der Wechsel von Fragerichtungen ist die größte Stärke dieser Forschung; sie kann damit auch den vielfältigen Differenzierungen und Blickrichtungen komplexer, sprachlich verfaßter Forschungsgegenstände folgen.

Perspektivität/Reflexivität: Alle Perspektiven in der geisteswissenschaftlichen Forschung müssen reflektierte Perspektiven sein. Ihre Erkenntnischancen wie der Preis ihrer jeweiligen Ausblendungen müssen bewußt gemacht und ausdrücklich gegeneinander abgewogen werden. Im Forschungsprozeß muß das Selbst-Bewußtsein des Forschers in seiner Tätigkeit auch dann seinen Ausdruck finden, wenn perspektivische Beschränkungen auf der Gegenstandsebene gerade nicht reflektiert werden. Die Reflexion auf die eigene Perspektivität ist das Hauptcharakteristikum geisteswissenschaftlicher Forschungstätigkeit.

Perspektivität/Universalität: Perspektivität schlägt eine Bresche in die Universalität möglicher Forschungsgegenstände und -methoden. Die Perspektivität mancher Gegenstände zwingt zum Abgleich mit der Andersartigkeit oder Normalität der universell möglichen Gegenstände – diese bilden den Kontrast zum (vermeintlich) Besonderen. Perspektivität im Verstehen ist nur sinnvoll in einer Mannigfaltigkeit von Gegenständen und Gegenstandsklassen; diese konstituieren sich teilweise überhaupt erst durch die – immer perspektivischen – Zugänge zu ihnen.

Verbalität/Reflexivität: Selbst-Bewußtsein und Reflexion als Selbstbezüglichkeit ist ohne Sprache fast undenkbar. Sprache ist das Medium des Denkens, und Sprache strukturiert Reflexionen. Das gilt für sprachlich verfaßte Forschungsgegenstände und erst recht für Prozesse des Forschens in der Diskursgemeinschaft der Wissenschaftler. Zugleich zwingt das Bemühen um Reflexion ins Medium der Sprache.

Verbalität/Universalität: Sprachlich verfaßte Gegenstände sind eine große Klasse aus der Menge der prinzipiell denkbaren der Geisteswissenschaften. Aber Universalität bedeutet auch, daß nicht alle Gegenstände der Geisteswissenschaften sprachlich verfaßt sind. Der Forschungsprozeß dagegen ist sozusagen universell sprachlich: Eine geisteswissenschaftliche Forschungsarbeit, die ohne eine sprachliche Darstellung auskommt, ist eigentlich nicht denkbar.

Reflexivität/Universalität: Die Reflexion auf das Ausmaß der Suche nach Sinn und Verstehen zeigt die Relevanz der Kategorie Universalität. Reflexion ist im Prozeß der geisteswissenschaftlichen Forschung ihre Generalmethode. Wie die Gegenstände der geisteswissenschaftlichen Forschung universell sind, so universell ist die Reflexion im Forschungsprozeß präsent. Reflexion bedeutet dabei immer mindestens Perspektivenbewußtsein.

Diese thesenartigen Aussagen, die sich allein einem systematischen Durchgang durch alle Zweierkombinationen an Kategorien verdanken, bilden ein Panorama und zeigen die Breite und Vielfalt der Themen, mit denen sich die Geisteswissenschaften auseinandersetzen, und die Komplexität der Reflexionsprozesse, die sich dabei abspielen. All das bewegt sich hier auf einer recht abstrakten Ebene, doch bereits die Erläuterungen zu den einzelnen Kategorien sollten gezeigt haben, daß diese tatsächlich Weisen der Wahrnehmung und zugleich Zugangswege zu den mannigfaltigen konkreten Forschungsgegenständen und -prozessen sind, die geisteswissenschaftliches Arbeiten ausmachen. Es sei – soviel zur Breite und Komplexität schon des abstrakten Zugangs – noch einmal an die Beschränkung erinnert, daß um der Übersichtlichkeit willen allein die Zweierkombinationen und kurze charakteristische Aussagen dazu aufgeführt wurden. In Wirklichkeit ist das natürlich hoffnungslos unterkomplex. Bei sieben Kategorien und ihren Kombinationen ergeben sich deutlich mehr Zugänge. Doch eines gilt es nicht zu vergessen: Die Kategorien wurden nicht zum selbstvergessenen Spiel mit ihnen, sondern zum Zweck der Gegenstandserkenntnis eingeführt.

Nach den Erläuterungen zur Breite und Komplexität der einschlägigen Forschung, beziehungsweise Forschungsmöglichkeiten, fragt sich nun schon, ob die ganze Sache nicht kurz auf den Punkt gebracht werden kann. Sie kann. Und dazu bietet es sich an, auf den zu Beginn unterbreiteten Vorschlag zurückzugreifen, den hier vertretenen Erläuterungs- und Erklärungsansatz zu den Geisteswissenschaften, zu ihren Gegenständen und insbesondere zu ihren beobachtbaren Forschungsprozessen, „Perspektivismus“ zu nennen.

Der Blick auf die Forschungspraxis zeigt: Immer spielen bestimmte und eben auch ausdrücklich zu bestimmende Fragen, Kontexte, Erkenntnishorizonte eine Rolle; stets muß erläutert werden, warum das, worum es geht, gewußt werden soll. Von daher ergibt sich eine Kopplung an außerwissenschaftliche, eben ganz und gar praktische Fragen. Die sieben eingeführten Kategorien stehen ihrerseits für die Multiperspektivität von Zugängen der Geisteswissenschaften zu ihren Gegenständen. Daß das, was nicht irgendwie, von irgendwoher und von irgendwem gewußt wird, für uns in relevanter Weise auch nicht existiert – das können wir von den Geisteswissenschaften lernen, von ihrer Arbeit mit, in und an Perspektiven. Es sind die Zugänge aus der Geschichte, aus dem Dialog, aus der Sprache, aus der Reflexion, welche die Geisteswissenschaften ausmachen; es ist der wohlbedachte Blick auf je Spezifisches aus einer unendlichen Mannigfaltigkeit an Phänomenen und Prozessen. Und es sind Sprache, Geschichte und Kultur, es sind Reflexionsleistungen, diskursive Auseinandersetzungen und ästhetische Produkte, mit denen sie sich interpretierend und vermittelnd auseinandersetzen. Und immer bewegen sie sich in gewählten und erklärten Perspektiven. Von daher erscheint es sinnvoll, zusammenfassend und charakterisierend von „Perspektivismus“ zu reden.

Die geisteswissenschaftlichen Kategorien als Erkenntnismuster für andere Wissenschaften

(3) Nun geht um die nahe liegenden Gegenbegriffe zu den geisteswissenschaftlichen Kategorien und um die eingangs eingeführte Adäquatheitsthese – inzwischen in der Hoffnung, daß die bisherige Begriffs- und Erläuterungsarbeit es erleichtert, hier die Konsequenzen aus dem perspektivistischen Ansatz in raschem Zugriff zu ziehen. Den geisteswissenschaftlichen Kategorien Historizität, Perspektivität und Spezifizität wurden Systematizität, Objektivität und Allgemeinheit bzw. Verallgemeinerbarkeit gegenübergestellt sowie sprachlichen Darstellungen eine in mathematischen Modellen und der Universalität möglicher Gegenstände eine Beschränkung auf solche der Natur.

Dialogizität/Intersubjektivität ist ohne Gegenbegriff geblieben; für Spezifizität wäre auch an Gesetzmäßigkeit zu denken. All die genannten Grundbegriffe sind tauglich bei dem Versuch, uns klar zu machen, was Wissenschaft ist und was sie macht. Sie markieren mit den im einzelnen sinnvoll möglichen Gegenüberstellungen – vereinfacht: hier die geisteswissenschaftliche, dort die gewohnte naturwissenschaftliche Kategorie – Pole, zwischen denen sich das wirkliche wissenschaftliche Leben mit unterschiedlichen Akzentsetzungen abspielt. Und das gilt für alle Wissenschaften. Das Problem für die Geisteswissenschaften war nur bisher, daß jene Kategorien, mit denen sich *ihre* Arbeit sinnvoll fassen läßt, sowohl in der ausdrücklich wissenschaftstheoretischen Reflexion als auch in der Wahrnehmung vieler Natur- wie Geisteswissenschaftler kaum eine, zumindest nicht die ihnen gebührende Rolle spielten.

Es war ein Anliegen dieser Ausführungen, das zu ändern. Dazu sind die geisteswissenschaftlichen Kategorien eingeführt und erläutert worden. Es galt, sie offensiv zu vertreten und ihre Tragfähigkeit unter Beweis zu stellen. Die Adäquatheitsthese verläßt die traditionelle wissenschaftstheoretische Defensive der Geisteswissenschaften nun vollends. Aber sie bleibt sozusagen perspektivistisch aufgeklärt. Gegen Gesetzmäßigkeit, Objektivität und Verallgemeinerbarkeit sollte auch kein perspektivistisch geschulter Geisteswissenschaftler ins Feld ziehen, wenn er zur Klärung dessen beitragen möchte, was Wissenschaft ist und macht. Aber er sollte selbstbewußt auf das zeigen, was Geisteswissenschaften sind, womit *sie* sich befassen und was *ihren* Forschungsprozeß charakterisiert. Historizität, Dialogozität/Intersubjektivität, Spezifizität, Perspektivität, Verbalität, Reflexivität und Universalität – diese Kategorien sind der Weg zur Wissenschaft des Geistes. Dies allein? Nein: Wäre nicht auch für andere als die Geisteswissenschaften mit den geisteswissenschaftlichen Kategorien ein Zugang zu den jeweiligen Gegenständen möglich? Und ließe sich nicht auch deren Forschungsprozeß mit diesen Kategorien sinnvoll beschreiben?

Auf diese rhetorischen Fragen antwortet die Adäquatheitsthese. Selbstverständlich lernen wir naturwissenschaftliche Zusammenhänge auch über die geschichtlich gewordene Weise ihrer Erforschung. Natürlich ist der intersubjektive Austausch der Weg zur Sicherung von Erkenntnisansprüchen auch in den Sozial-, Natur- und Technikwissenschaften. Klarerweise sind es spezifische Fälle, die das Material zur verallgemeinernden Gesetzmäßigkeit liefern. Und, wenig überraschend, es sind nichts anderes als Frageperspektiven, die bestimmen, wie Experimente aufgebaut und durchgeführt werden. Sprache bleibt in den Naturwissenschaften ein wichtiges Medium des Austauschs, interdisziplinär, mit der außerwissenschaftlichen Öffentlichkeit, aber auch innerhalb der naturwissenschaftlichen Disziplinen. Und die Reflexion auf das eigene Tun, Fragen nach einem Warum und einem Wie, nach Erkenntniszielen und Methoden, sie gehört für *jeden* Wissenschaftler dazu – auch wenn es oft nur die besseren sind, die sich ihrer besonders befleißigen. Selbst die Gegenstandsbeschränkung auf die Natur wird in Zeiten immer fragwürdiger, in denen sich Naturwissenschaftler –

ja, ausgerechnet – mit dem Geist zu befassen beginnen. Also, kurz wiederholt und ohne systematischen Durchgang durch mögliche Gegenstände, aber mit besonderem Blick auf die Prozesse der naturwissenschaftlichen Forschung: Wenn wir verstehen wollen, was Wissenschaft ist, womit sie sich befaßt und was sie praktisch macht, dann helfen uns auch hier die geisteswissenschaftlichen Kategorien. Ich habe ja eingangs betont, daß ich diese über den hiesigen Untersuchungsrahmen hinausgehende These nicht näher belegen werde, daß sie aber eine besondere Pointe für den Fall darstellt, daß die präsentierten Kategorien sich für die Geisteswissenschaften als tauglich erweisen. Wenn sich, nach vielen genaueren Analysen, zeigen sollte, daß die Adäquatsheitsthese richtig ist, so wäre es dann natürlich an der Zeit, den Kategorien ihr hier immer mitgeführtes Attribut „geisteswissenschaftlich" zu nehmen. Doch das ist allenfalls Zukunftsmusik. Für den Moment wäre schon viel gewonnen, wenn wir besser verstünden, was Geisteswissenschaften sind – was Geistes Wissenschaft macht und ausmacht.

Geisteswissenschaften als Gegenstand der Wissenschaftstheorie

(4) Dieses gerade benannte Besser-Verstehen beinhaltet schon eine These, die mit der Motivation zu den vorgetragenen Überlegungen zu tun hat die These, daß die sehr grundsätzliche und so allgemein gestellte Frage danach, was die Geisteswissenschaften in ihrer Gesamtheit aus-

macht, wie und woran sie forschen, bisher entweder unbeantwortet oder vorliegende Antwortversuche unbefriedigend geblieben sind. Es liegt wohl eher der erste Fall vor: Ausdrücklich, in allgemeiner und damit notwendig abstrakter Weise haben sich nicht viele Wissenschaftler mit dieser Frage befaßt. Das ist einerseits beruhigend, weil man nicht auf viele Fehlschläge mit Bezug auf eine Aufgabe berichten muß, deren Bedeutung wohl unstrittig ist. Es wäre im Gegenteil irritierend, wenn sich von der Vielzahl der Experten, praktizierender Geisteswissenschaftler wie Wissenschaftstheoretiker, nur mißlungene Antwortversuche berichten ließen. Andererseits fragt sich, ob die Lage wirklich *so* besser ist: Die Geisteswissenschaften als Navigatoren durch die kulturelle Welt werden gern in Anspruch genommen – von ihnen selbst ward wenig gewußt. Wie dem auch sei: Vielleicht gelingt es, mit dem perspektivistischen Ansatz eine Debatte anzustoßen, von der für ihr Selbstverständnis und ihre öffentliche Wahrnehmung die Wissenschaften im allgemeinen, die Geisteswissenschaften im besonderen und die Wissenschaftstheorie im ganz speziellen nur gewinnen können.

Trotzdem wäre es natürlich eine Illusion zu glauben, mit dem perspektivistischen Ansatz gänzlich unberührtes Neuland zum einen betreten und zum anderen bereits vollständig erschlossen zu haben. Beides ist mitnichten der Fall. Darum sei abschließend noch an einige im Verlauf der Untersuchung berührte Diskussionsfäden erinnert, die entweder Anknüpfungspunkte für weitere Analysen im Rahmen eines perspektivistischen Ansatzes bieten oder auf einschlägige Diskurse verweisen, die eigentümlicherweise selten als ausdrücklich wissenschaftstheoretische daherkommen.

Es bleibt in dieser Lage nach wie vor ein Desiderat, auch die Geisteswissenschaften in Detailuntersuchungen angemessen wissenschaftstheoretisch zu erschließen. Worum es dabei immer gehen wird, ist eine zentrale Erkenntnis aus den vorgetragenen Überlegungen: die Indizierung von Erkenntnis. Damit gemeint ist das Kenntlichmachen von gewählten Perspektiven, von Fragehorizonten, von Vorannahmen und von Erkenntnisinteressen. Es läßt sich nicht quasi vorab erledigen, sondern erfordert in der Konsequenz ein entsprechendes Markieren auch der Ergebnisse geisteswissenschaftlicher Forschung. Auch sie stehen immer im beschränkenden wie ermöglichenden Rahmen der Perspektive ihrer Fragestellung. Über die Notwendigkeit der wissenschaftlichen wie lebenspraktischen Legitimation ihrer Perspektiven bleiben die Geisteswissenschaften zwangsläufig rückgebunden an wie auch immer konkret aufgegebene praktische, das heißt materielles wie kulturelles Leben ermöglichende, Orientierungsleistungen. Und die letzten Endes in diesem Sinne „praktischen" Perspektiven sind auch für die Ergebnisse geisteswissenschaftlicher Forschungsprozesse wenn nicht prägend, so doch zumindest präsent (zu halten) – darauf bezieht sich die Indizierung von Erkenntnis. Die Ergebnisse tragen den Index ihrer Perspektive; dieser hält präsent, was schon zu Beginn gewußt werden sollte.

Gibt es unter solchen Vorzeichen einen Fortschritt in der Wissenschaft? Gibt es wissenschaftliche Entwicklung im Sinne einer sei es kontinuierlichen, sei es disruptiven

Bewegung auf ein Besseres – an Erkenntnis, an praktischer Lebensbewältigung – hin? Konnten nicht die Naturwissenschaften erst mit der Hilfe der Kuhnschen Wissenschaftstheorie der blühenden und sterbenden Paradigmen, die sich auf Beispiele aus ihrer Geschichte stützt, eine (Selbst-)Erfahrung reflektieren, die in guter Geisteswissenschaft eigentlich schon immer präsent war? Es dürfte nicht zuletzt die Geschichte der Wissenschaften sein, von der, etwa bezogen auf Fächer und Fächerkulturen, auf derartige Fragen Antworten erwartet werden können, die breit empirisch fundiert sind.

Fragen nach der Wissenschaftlichkeit: Was gilt warum als Wissenschaft? Was ist ein Forschungsstand? Wie verläuft die Rückbindung von Wissenschaft in eine gesellschaftliche Praxis? Inwieweit ist Wissenschaft selbst eine soziale Anerkennungspraxis? – diese Fragen verweisen auf den Diskursbegriff, der zugleich innerwissenschaftlich epistemologische Tragweite hat wie das Potential, den Transfer in die gesellschaftliche und politische Praxis zu leisten, weil die ihm eingeschriebene Anerkennung unter Gleichen eine Voraussetzung für wissenschaftliche Einigungsprozesse wie für soziale Konsense über Formen des gemeinschaftlichen Lebens darstellt.

Gesetzmäßigkeit versus Singularität, Abbild von Realem oder Konstruktion des Betrachters – beide Gegenüberstellungen sind, teilweise mit ausdrücklichem Bezug aufeinander, immer wieder Gegenstand wissenschaftstheoretischer Debatten und wären es wert, mit ausdrücklichem Schwerpunkt auf die Geisteswissenschaften aufgegriffen zu werden.

Für grundlegende Fragen zu den Geisteswissenschaften lohnt noch immer ein genauer Blick auf den Neukantianismus, auf Rickert und Windelband, auf Diltheys Kritik der historischen Vernunft und Cassirers Theorie symbolischer Formen, sowie auf Gadamer und die Tradition der Hermeneutik. Wissenschaftstheorie ist wenig von all deren Überlegungen genannt worden, während das, was so hieß, etwa mit Popper, Lakatos, Feyerabend und Kuhn, sein Material zumeist aus den Naturwissenschaften bezog. Gleiches gilt für die Wissenschaftssoziologie; selten schaut sie den Geisteswissenschaftlern über die Schultern. Dabei wäre – das ist einer der Impulse dieser Untersuchung – auch bei diesen für die Erklärung des Ganzen der Wissenschaft einiges zu holen.

Das Kontinuum zur Kultur ist ein weiteres interessantes Feld für eingehende Analysen. Kulturelle Wertzuschreibungen prägen ja wesentlich das, was mit der Akribie der Geisteswissenschaften untersucht wird. Und als fortgeschriebene Reflexionspraxis nehmen die Geisteswissenschaften auf, was in ihren Gegenständen bereits angelegt ist. Andererseits liefert die Wissenschaft die Maßstäbe und Kriterien, die zum Beispiel Zuschreibungen von ästhetischem Wert ermöglichen; sie erlauben, subjektive Wahrnehmungen intersubjektiv mitteilbar zu machen. Wie das alles im einzelnen – und am einzelnen – geschieht, bedarf der näheren Analyse.

Die Frage nach der Möglichkeit (erkenntnis-)gewinnbringender Interdisziplinarität ist eines der großen wissenschaftspraktischen Rätsel der Gegenwart. Methoden und Gegenstandsbereiche nicht nur der Geisteswissenschaften sind derart vielfältig, daß die Definition von Standards fachübergreifenden Arbeitens überaus schwierig ist. Gleichwohl zwingen gerade praktische Probleme, etwa im Umgang mit der natürlichen Lebensgrundlage, dazu, bei ihrer Lösung nicht an historisch entstandenen Disziplinengrenzen halt zu machen. Eigentlich müßten perspektivisch verstandene Wissenschaften dazu eine gute Grundlage bieten.

Sprache – ihre Vielfalt, ihre Verwendung, ihre Ausprägung und ihr reflexives Potential – wird immer sowohl ein zentrales Medium wie ein zentraler Gegenstand der Geisteswissenschaften bleiben. Das wird noch einmal deutlicher, wenn auch der Prozeß geisteswissenschaftlicher Forschung ausdrücklich in die Reflexion einbezogen wird. Sprachdenken ist immer auch perspektivisch geschulte Reflexion auf die wissenschaftliche Tätigkeit des Geistes.

Gedanklich unmittelbar Anschluß daran hat die bereits erwähnte Tradition der Hermeneutik: Entstanden aus dem Bedürfnis nach Deutung (lebenspraktisch!) bedeutender Botschaften und Texte, heiliger Schriften, Gesetze und Weltentstehungsmythen, ist wohl insbesondere die sich universal verstehende Hermeneutik im Anschluß an Gadamer die geistesgeschichtliche Traditionslinie, die implizit die am weitesten gehenden wissenschaftstheoretischen Ansprüche stellt. Die neuzeitliche hermeneutische Tradition etwa über Illyricus, Chladenius, Schleichermacher, Ast, Boeckh, Dilthey, Heidegger und Gadamer reflektiert das, was Geisteswissenschaften unternehmen, auf hohem Niveau, wenn auch nicht immer die selbstverständlich zugrunde gelegten Kategorien im hier vorgestellten Sinn ausdrücklich gemacht werden. Gleichwohl wäre gerade aus dieser Tradition, inklusive der unabhängig entstandenen sprachanalytischen Ansätze zur Interpretation etwa Quines oder Davidsons, und aus derjenigen des Neukantianismus für eine ausgearbeitete Wissenschaftstheorie der Geisteswissenschaften am meisten zu schöpfen.

Auch eine eingehende Untersuchung zur Begriffsgeschichte des speziell deutschen Terminus „Geist", aus der Übertragung von „moral sciences" entstanden, im Hegelschen Sinn geprägt und von Dilthey offensiv vertreten, könnte, ganz im Sinne der kategorialen Historizität, bei der Klärung dessen, was Geisteswissenschaft ist, helfen.

Weitere Bezugspunkte bildeten zentral die Erklären-Verstehen-Kontroverse und die bereits erwähnte Kompensationsthese, wie sie Ritter, Marquard und Lübbe vertreten haben, Elemente aus dem Positivismus- und Werturteilsstreit zwischen Vertretern des kritischen Rationalismus und der kritischen Theorie und neuere Ansätze der wissenschaftstheoretischen und -soziologischen „science studies".

Auch die Debatten, die im Zusammenhang mit der wieder betriebenen Einführung des Begriffs der Kulturwissenschaften geführt werden, bedürften der Auswertung, wird die Kategorisierung „Kulturwissenschaften" in einem weiten Sinn doch durchaus als Konkurrenzbegriff zu „Geisteswissenschaften" verstanden. Denn jenseits der Begriffsfrage geht es um vergleichbare Gegenstände und Forschungspraxen, und Begriffs- und Kategorisierungsfragen ist üblicherweise ein relativ hoher wissenschaftstheoretischer Reflexionsstand eigen.

Schließlich dürfte sich der Blick auf diverse Wenden („turns"; linguistisch, kulturwissenschaftlich, bildwissenschaftlich, räumlich) in der geisteswissenschaftlichen Theoriebildung seit der zweiten Hälfte des zwanzigsten Jahrhunderts ebenso wie alle Theorie- und Methodendebatten in einigen Aspekten lohnen, von strukturalistischen Ansätzen über Zugänge durch dichte Beschreibungen und „close reading" bis zur Postmoderne, die sich mit einem perspektivistischen Ansatz gut vertragen müßte.

Nicht zuletzt ginge es darum, aktuelle wissenschaftstheoretische Debatten einmal schlicht auszuweiten auf die Geisteswissenschaften. Vermutlich würde dabei schon die Wahl von Beispielen aus den Geisteswissenschaften helfen, wissenschaftstheoretische Fragestellungen so zu reformulieren, daß auch der Begriff von Wissenschaft insgesamt in einem neuen Licht erscheint – und sei dies auch noch mehrfach gebrochen.

Das wäre ein Vorgehen, das komplementär zum hiesigen Unterfangen stünde. Doch sinnvoll sind beide Zugänge. Denn für eine Wissenschaftstheorie, die ihren Namen wirklich verdient, kommt es ja darauf an, die Wissenschaft in ihrer ganzen Breite zum Gegenstand zu machen. Und wenn dabei die Praxis der Forschung in den Blick genommen wird, so wie sie täglich in Universitäten und Forschungsinstituten, an Schreibtischen, in Seminaren und in Laboren stattfindet, – dann wird sich vielleicht zeigen, daß die Wege über die Historizität, die Dialogizität und Intersubjektivität, die Spezifizität, die Perspektivität, die Verbalität, die Reflexivität und die Universalität tatsächlich Heerstraßen der Erkenntnis sind.